科技工作者科学传播译丛

主 编：王 挺 陈 玲

副主编：李红林

科学随笔写作指南

如何写好科学故事

〔美〕米歇尔·奈豪斯◎著

张志敏◎译

刘 兵 张晓蔓◎审校

The Science Writers' Essay Handbook:

How to Craft Compelling True Stories in Any Medium

科学出版社

北 京

图字：01-2018-3937

内 容 简 介

本书溯源科学随笔发展历史，探讨科学随笔概念与分类，并介绍科学随笔的选题、谋篇布局、创作技巧、调研方法、修改润色、发表途径等内容，指导读者创作出适合各类媒体发表的、能引起高关注度的科学故事。

本书对科学写作初学者有较强的指导作用，适合科技工作者、媒体从业者、科普工作者等参考阅读。

Original Title：The Science Writers' Essay Handbook：How to Craft Compelling True Stories in Any Medium

ISBN 978-0-692-62749-5

图书在版编目（CIP）数据

科学随笔写作指南：如何写好科学故事 /（美）米歇尔·奈豪斯（Michelle Nijhuis）著，张志敏译. —北京：科学出版社，2020.3

（科技工作者科学传播译丛 / 王挺，陈玲主编）

书名原文：The Science Writers' Essay Handbook：How to Craft Compelling True Stories in Any Medium

ISBN 978-7-03-064427-5

Ⅰ. ①科…　Ⅱ. ①米…　②张…　Ⅲ. ①科学技术－论文－写作－指南　Ⅳ. ①G301-62

中国版本图书馆 CIP 数据核字（2020）第 028114 号

责任编辑：张　莉 / 责任校对：贾伟娟

责任印制：徐晓晨 / 封面设计：有道文化

科 学 出 版 社 出版

北京东黄城根北街 16 号

邮政编码：100717

http：// www.sciencep.com

北京虎彩文化传播有限公司 印刷

科学出版社发行　各地新华书店经销

*

2020 年 3 月第　一　版　开本：720×1000　1/16

2023 年 5 月第四次印刷　印张：7 1/2

字数：78 000

定价：48.00 元

（如有印装质量问题，我社负责调换）

丛书序

习近平总书记深刻指出，“科技创新、科学普及是实现创新发展的两翼，要把科学普及放在与科技创新同等重要的位置”，殷切希望广大科技工作者“以提高全民科学素质为己任，把普及科学知识、弘扬科学精神、传播科学思想、倡导科学方法作为义不容辞的责任，在全社会推动形成讲科学、爱科学、学科学、用科学的良好氛围，使蕴藏在亿万人民中间的创新智慧充分释放、创新力量充分涌流”[①]。

科技工作者是科学研究与探索的实践者、亲历者，对本领域的科学知识有清晰的认识和理解，对科学方法、科学精神有直接的体验和感悟，对本领域的未来发展有理性的认知和展望，具有从事科学传播与普及的天然优势，是连通科技创新和科学普及、将科技创新成果转化为科普作品的核心群体。

科技工作者从事科学传播与普及，在科学发展的历史上由来已久。近代科学摆脱宗教和神学桎梏而诞生，很大程度上得益于自然哲学家不断向公众传播科学，赢得越来越多的公众对科学的兴趣和支持。近代科

① 习近平. 为建设世界科技强国而奋斗——在全国科技创新大会、两院院士大会、中国科协第九次全国代表大会上的讲话. 北京：人民出版社，2016.

学确立后，科学家开展科学传播与普及的优良传统得到了传承和发扬。1799年英国皇家科学研究所成立时明确提出，“通过定期的讲座和实验，向公众传播知识和有用的机械发明及进展，并教会他们将科学应用于日常生活之中”，并开创了科学家面向公众开展科学传播与普及的经典活动——“圣诞科学讲座”，一直沿袭至今。化学家戴维、物理学家迈克尔·法拉第、生物学家罗伯特·达尔文、博物学家托马斯·亨利·赫胥黎等科学巨匠都参与其中，热心向公众传播科学。伴随着现代科学的发展，卡尔·萨根、史蒂芬·霍金等科学家更因其在科学传播与普及方面的伟大成就广为世人所知，我国也涌现了一批热心科普的科学家。

当前，我们正迎来新一轮科技革命和产业变革，科学技术的迅猛发展从来没有像今天这样深刻地影响着人们的工作和生活，科学传播与普及也肩负着更神圣的使命——让公众理解科学，让科学普惠人类，以科学素质的整体提升构筑理性、和谐、美好的未来。放眼世界，科技工作者们正通过出版物、影视作品和新媒体等各种平台，以科学写作、演讲咨询等各种形式，与政府、媒体、科技教育界等合作互动，为科学发声，为公众解惑，为科学更好地造福人类而孜孜以求。

我国拥有世界最大体量的科技工作者，如果能调动、引导对科普感兴趣、有热情、有能力的一部分科技工作者投入科学普及，我国的科普人才队伍将得到极大的提升。

基于这样的初衷，中国科普研究所科普创作研究室团队围绕国外科技工作者开展科普（尤其是科学写作）领域的指南类书籍展开调研，并选取经典著作进行译介，期望能为我国科技工作者开展科学传播与普及提供一些实用、可操作的借鉴，也能为已经在从事科学传播与普及的科技工作者提升传播技能提供参考。

我们愿与广大科技工作者一起，积极探讨符合科技创新规律和时代发展需要的科学传播与普及方式方法技巧，弘扬科学精神，普及科学知识，为提升全民科学素质，厚植创新沃土共同努力，贡献力量。

王 挺

2020年1月

译 者 序

2016 年 1 月，美国自由撰稿记者米歇尔·奈豪斯（Michelle Nijhuis）出版了电子书 *The Science Writers' Essay Handbook: How to Craft Compelling True Stories in Any Medium*。这本书出版后不久，在美国本土获得业内人士的关注。同年 9 月，《科学美国人》（*American Scientist*）刊登了美国博客作家凯蒂·L. 伯克（Katie L. Burke）博士的书评《随笔形式的科学历程》（*The Scientific Journey in Essay Form*），评价米歇尔·奈豪斯的这本书精道地阐释了“随笔是记录写作者发现和探索过程的绝佳文体”，通过“提供解决问题的工具箱和组织想法的出发点，给广大作家读者群赋能”。同时，这本书在其他国家陆续产生了影响。例如，2016 年 10 月，《中国科学报》第六版“读书”栏目发表了武夷山的文章《科学文章写作宝典》，向中国读者介绍这本书的作者和主要内容，特别是米歇尔·奈豪斯提出的“好文章与好科研有不少类似之处”的观点。随后，这本书还被加拿大科学作家与科学传播者协会（原加拿大科学作家协会，2017 年更名）作为科学写作教材在其官网上推荐。因此，上述的一切都给我以充分的理由去选择这本体量不大的小书进行译介。

进入 2018 年，本书的翻译正式提上日程。1 月中旬，科学出版社着手联络版权事宜，大约 1 个月后，好消息传来，获悉米歇尔・奈豪斯对我们的翻译计划很感兴趣，并愿意了解对这本译著的更多想法。我立即回信一封，向米歇尔・奈豪斯女士介绍了自己，以及曾经的翻译经历，并告诉她中国的科学写作事业方兴未艾，十分重视科学作家的培训，这本书对于中国科学写作培训具有良好的指导意义。我们顺理成章地取得了这本书的翻译授权，接下来的一段时间内，日常工作之余翻译这本小书便成了我的一大乐趣所在。

本书作者米歇尔・奈豪斯女士是一名资深自由撰稿人，她经常为美国《国家地理》杂志和《史密森学会会刊》等撰写科普文章。2006 年和 2012 年，她两度获得美国科学促进会颁发的 Kavli 科学新闻奖。该奖是一项面向全世界记者的专业奖项，至今已有 75 年的历史，在业内拥有很高的地位。早在 2013 年，米歇尔・奈豪斯还曾与斯坦福大学的托马斯・海登（Thomas Hayden）共同主编了《科学作家手册：数字时代选题、出版和成功必修指南》（*The Science Writers' Handbook：Everything You Need to Know to Pitch，Publish，and Prosper in the Digital Age*）。可见，米歇尔・奈豪斯女士是科学写作理论和实践的双重践行者。在本书中，她总结自己和他人的创作，通过举例子、摆事实、讲道理，循序渐进、毫无保留地分享了科学随笔创作与发表的经验和技巧。

全书内容分为七章。

第一章是“科学随笔的艺术性和科学性”。作者以她心目中的典范之作《免疫》入手，带领读者初识科学随笔这种文体，并随之溯源散文与科学随笔，探讨科学随笔的边界和分类。论辩性文章不属于随笔，直白的新闻故事不属于随笔，“纯叙事手法”的新闻特写也不属于随笔。科学随笔是探索科学故事的故事，以个性化表达风格写就，其中包含着一段或多段历程，并且它是关于我们的世界的，与作者和读者都发生关联。

在第二章“捕捉点子 形成想法”中，作者撷取身边同行的创作经历说明，并非生活中的每一个点子都能成为随笔创作的素材，需要识别。她认为随笔文章必须具备三个要素：个性化表达、历程以及作家和读者的相关性。写作科学随笔需要一个触发点，通常是一个问题，有时候随笔文章能够给出全部或部分答案，有时候不但不能，还可能会引发一堆新问题。对作家和读者来说，文章的满意度评价更多源自对问题的探究过程，至于解决多少问题则是次要的。作者还提出，写作时效性较强的随笔文章时，科学论文是获取触发性问题的可靠来源。

第三章是“科学随笔的篇章结构”，实际上也是讲在创作中如何找到方向并坚持原则的问题。作者认为，科学随笔写作就是讲好一个故事的过程，为了让这个过程变得有序和易于理解，需要遵循一定的“套路”，包括故事原型、作家的外部历程、作家的内部历程等要素。为了阐释清楚这一点，作者逐一解构了若干有名的虚构类作品所表现的历程，如《星球大战》《哈姆雷特》等，对科学随笔创作需遵循的“发生、发展、结局”三段式结构进行了标准又不失曲折剧情的示范。作者告诉我们，内部历程和外部历程是一种既灵活又稳定的线框图，在科学随笔创作过程中可以进行改造，灵活运用。

第四章“科学随笔的报道与研究”探讨如何通过调研丰富随笔写作，并传授行文技巧及研究策略。作者认为，出类拔萃的随笔在研究深度上至少能与同类新闻和深度报道比肩，要写出重大意义的科学随笔需有严谨的研究作为支撑。在调查研究过程中，要善于观察细节，善用比喻表达，要具有洞察事件背后的深意的能力。作者还强调，调查研究要在伦理道德范围内，切莫捏造事实，对待消息人士要合理合德，要用道德规范约束自己。

第五章“科学随笔的写作”是相关经验分享和个案展示。作者强调，写作首先要定位写作风格，风格有助于将自己和想法展示给读者。科学随笔的起笔、收尾皆无定法，但总有可借鉴的、通用的技巧。开篇需留有余地，不可和盘托出，要吸引读者读下去；结尾要提炼出对作者和读者都具有启发意义的新观点，引导人们在科学探索的路上继续前行。文章主体部分最难写，要注意展示和讲述两种方法运用之间的平衡，要保持起笔时的活力。

第六章“科学随笔的修改润色”，传授如何编辑自己的作品草稿，如何与编辑、事实核查员协作，从而使得文章思路更清晰，可读性更强，准确性更高的技巧，包括与作品保持一定距离、从整体到细节的审视、推敲字句、核查事实等，实用，可操作性强。

第七章“科学随笔作品的出版：时下与未来”，详尽分析时下各类媒体青睐的文章类型，传授找到合适的发表平台、恰当投稿的实战经验。作者讲到，毕竟科学随笔承载的是作者的思想和观点，只有它们被意向中的读者所接纳，才算得上是成功的作品。

在翻译全书的过程中，我受益匪浅，对科学随笔这种文体的认识逐渐清晰起来。虽然作者没有直接给科学随笔一个明确的定义，但通过排除什么不是科学随笔，展示什么是好的科学随笔，给了我们一个相对完整清晰的科学随笔画像。以我个人的理解，科学随笔就是用随笔形式写作关于科学的内容，作家很注重用文学创作的艺术性与读者形成互动。随笔是散文的一个分支，笔法灵活，可议论，可抒情，可记叙，可描写，行文缜密而不失活泼，结构自由而不失严谨。在翻译的过程中，我也经常思索，放在中国的科学传播语境下，这本书中的科学随笔确实很难找到与之相对应的创作类型。与科学小品相比，它没有那么强的知识性；与科学新闻报道相比，它虽然也有一定的报道性甚至时效性，但又更强调个人风格与观点；与科学故事相比，它又绝对是非虚构的。用作者自己的话来讲，科学随笔应该“是带着好奇心，秉承科学的怀疑精神，同时怀着对读者的责任感”去创作的。这也是本书最终定名为《科学随笔写作指南：如何写好科学故事》的原因。

在本书翻译过程中，我与米歇尔·奈豪斯女士有过两次通信。一次是询问她的国籍，另一次是请教她的名字的标准发音，都得到了热心回应和帮助，让我隔着千山万水感受到她的认真、务实、坦率、热情。所谓文如其人，米歇尔·奈豪斯女士在书中与读者的分享也是充满诚意的，称得上是真正的“手把手”教。正如她在前言中所说的，对于科学写作的初学者、自由撰稿的起步者，这本书都将起到很好的指导作用。

在本书翻译过程中，得到很多师友的指导和帮助。感谢清华大学刘兵教授和北京信息科技大学张晓蔓副教授对本书译稿的审校。在书名的确定过程中，刘兵教授给了非常有益的建议，令我叹服。感谢本书的责任编辑张莉对本书初稿的审读和校正，她不但给我提出问题，还用专业精神和耐心帮我解决问题。感谢中国科普研究所对本书的资助出版。

最后想说的是，由于本人水平有限，书中不足之处在所难免，恳请广大专家和读者批评指正。

张志敏

2020 年 2 月

前　言

本书是《科学作家手册：数字时代选题、出版和成功必修指南》（*The Science Writers' Handbook：Everything You Need to Know to Pitch，Publish，and Prosper in the Digital Age*）的姊妹篇。如果你正处于科学写作的起步阶段，或是正准备以科学作家的身份启动科学专栏写作，想听听别人的建议；抑或是你想就科学写作如何选题、报道和写作的基本技巧听取一些建议，那么不妨阅读本书。

在本书中，我要探讨的是我本人以及其他科学作家是如何将头脑中的想法转变成一篇完整的科学随笔的。我会讲到科学随笔的报道和研究技巧，会论及科学随笔的发表平台及发表途径，还会谈到如何运用随笔要素来强化多种类型的故事讲述效果。我还会将目光投向古往今来杰出的科学随笔作品，探讨它们杰出的原因。虽然本书论及的是科学写作，但是，相关建议对摄影师、视频制作人以及广播电视节目制作人等都有参考价值和借鉴意义。

本书的读者对象是本科生、研究生，以及各种类型、经验和水平的新闻记者、专业科学传播者，同时也面向那些有意为自己的科研工作找到更多听众的科学家。尽管讲述科学故事的人不一定都是记者，但我相信，所有人都是从新闻角度，也就是带着好奇心，秉承科学的怀疑精神，同时怀着对读者的责任感去对待这项工作的。我想，无论本书的最终读者是谁，即便是此刻你已经到了最后的交稿期限，我的目标都是帮助你写出经过深思熟虑的、准确无误的、引人注目的科学随笔。

米歇尔·奈豪斯

目　　录

第一章　科学随笔的艺术性和科学性

它缺乏实验室试验的严密性，也不可能坚持足够长的时间来验证假说。但它亦有自己的本真：它是一种探究模式，是通往事实的另一条路径。

——菲利普·罗帕特（Phillip Lopate），

《个人随笔的艺术：古今文汇》（*The Art of the Personal Essay: An Anthology from the Classical Era to the Present*）

2009 年，一场罕见的大流感从墨西哥蔓延开来，席卷了美国和世界其他国家与地区。就在此时，作家尤拉·比斯（Eula Biss）刚刚在芝加哥生下了儿子。甚至早在 H1N1 疫苗大规模接种之前，比斯就从其他新手妈妈那里听到关于是否要给孩子接种抗病毒疫苗的争论，而这些新手妈妈大多生活富足，接受过良好的教育。比斯从未对接种疫苗有过丝毫的质疑，相反，她尽可能在第一时间就给儿子接种了 H1N1 疫苗。但是，对于耳边关于疫苗的种种质疑之声，她始终不能释怀。她很想知道，人们对疫苗的不信任感是缘何而生的？这些人又为什么如此固执呢？

2014 年，比斯出版了短篇随笔集《免疫》（*On Immunity*），在是否要接种疫苗这个问题上，她亮出了自己鲜明的立场。《免疫》一书揭示了人们所持的“所谓现代疫苗存在危险”的观点是错误的，并有力地证明了免疫是对个人健康和公共利益的一种义务。不过，比斯也指出，历史上有太多的理由让人们对公共健康措施产生不信任感。如果我们把是否应该接种疫苗的论辩描述成一种战斗，那么，它或者是“无知”妈妈和“高知”医生之间的战斗，或者是有爱心的妈妈和“没良心”的医生之间的战斗，当我们这样做的时候很少会承认，所有参与者其实都是被同样的恐惧和同样的希望所驱动的。比斯在书中写道，或许我们能够接受自己所处其中的、人人都是非理性的理性人的世界，却无法想象一场到头来我们与自己为敌的战争。

在我读到《免疫》这部随笔集很久之前，我就让女儿接受了疫苗注射。最近有消息称，一些富人社区里暴发了麻疹疫情，原因是有人拒绝接种疫苗，真是骇人听闻。然而，比斯的书一方面让我更加关注接种疫苗方面的事情；另一方面，也平息了我心中的愤怒。其实，我已经读过很多关于疫苗之争的报告，但《免疫》这本书对于我理解这场争论背后由来已久的、连锁的焦虑很有帮助，因而也让我感到这个问题在未来有望解决。

《免疫》这本书还让我对优秀的随笔作品更增添了几分钟爱与尊重，好的随笔作品能让作家检验自己的思想和内心，并与之对话，特别是那些出自科学家和科学作家之手的作品。更值得一提的是，随笔可以把影响世界和被世界影响的人类行为纳入其中，而不是简单地解读科学研究的发现和结果。随笔这种文体，读来让人感到满足和惬意，写起来也是一种愉悦。

在讨论随笔的写作过程之前，我们需要先摒除一些错误观念。大多数人都是在初中或高中阶段开始接触“随笔”这个词的。那时候，老师布置作业，让我们写一篇五段论的作文：要求文章开宗明义地抛出观点，接下来的三段进行支持性论述，结尾段落则要或多或少地重申主要观点。大家对此还有印象吗？或许，你不得不写一篇文章谈谈吃早餐的好处，或者谈谈第一次世界大战的起因，或者谈谈《老人与海》的象征意义。这类文章有时候被人们戏称为“汉堡包”随笔，因为观点段落和结论段落组成了“面饼”，中间夹着论据段落，也就是所谓的“牛肉”。

然而，《免疫》这本书可不是这种“汉堡包”随笔。在初学者练习循序渐进地思考和写作时，五段式论文的训练称得上是行之有效的，但是，它并不是真正的随笔。它更像是一个法律论证过程，在此过程中，要选择性地使用证据来支持一个先行的结论。一篇好的随笔则不然。高水平的科学研究与优秀的随笔有着更多的共通之处：它们都不会用一个论点来开头，而更可能的情况是，通过试验性地提出一个问题来开篇，比如“为什么接受过良好教育却恐惧疫苗的人如此之多呢？”科学家要通过试验或田野调查来验证提出的假说，并回答问题；随笔作家则是通过采访、阅读以及写作和修改等一系列过程来探寻答案，求得事实的真相。科学家和随笔作家都能够认识到，他们的结论可能是暂时的，有一天会被修订或者推翻。但是，通过收集可靠的数据，通过清晰地、富于创造性地思考问题，科学家和随笔作家会以同样的方式促成更广泛、更持久的对话。

关于随笔，还有另外一种很常见的误解：很多人认为随笔是迂腐陈旧的，散发着霉味的，是那些穿着皱巴巴的衣领的人拿着羽毛笔写出来的东西。的确，随笔确实历史悠久。米歇尔·德·蒙田（Michel de Montaigne）被后世公认为是“近代随笔之父”，1580 年，他出版了《随笔》（*Essais*[①]）一书。的确，蒙田至少有时候也会穿上这种领子皱巴巴的衣服，并且，很多学者都认为我们所谓的随笔可以一直追溯至古希腊和古罗马的哲学家。然而，蒙田那充满自信的声音听起来又是那样富有现代性，令人惊叹。他在自己首部随笔文集的内容简介中这样写道：“我想让人们看到我自然、简单、平凡的一面，我不需要着重强调什么，也不需要人工矫饰，因为这才是我所刻画的我自己。”虽然蒙田的写作主题很广泛，从友谊到食人兽再到肾结石无所不包，但是，他的表达风格总是富于个性化，这倒不是因为他觉得自己比其他人更风趣些，而是因为他感觉到，如果不按照自己的观点去写作是不负责任的，利用别人的观点写作不可取。

需要注意的是，个性化的表达风格并没有让随笔作者失去报道的职责，实际上，比起完全要基于事实的新闻语体，随笔作者需要进行更多的报道。关于这一点，后文将进一步探讨。

事实表明，由蒙田开创的这种文体与当今的数字时代能够实现完美的契合。随笔作家、批评家斯科特·拉塞尔·桑德斯（Scott Russell Sanders）曾讲道：“在这样一个思想预先打包的时代，如果想在纸面

① Essai 是蒙田创立的一个词，来自法语的 essayer 一词，意思是“尝试”，源自拉丁语从法语借用后又借回来的一个词 exagiere，意为“筛选、称出”。

上记录下个人在工作中、游戏中产生的想法，随笔就是我们最可取的方式了。”“我们能够感觉到自己已经被大众文化中的海量数据、随机信息和无价值之物的洪流所淹没，对于能够让一部分混乱产生意义的良知，大家都很珍惜。”

借助随笔这种文体的个性化语气，作者可以把自己介绍给读者，可以认识到自己的偏见，还可以对复杂的观点进行透彻地考察，从而为读者提供富有价值的分析与文本。

因此，说真的，我们不难从时下众多篇幅不一的博客文章、多媒体产品甚至是社交媒体中的专栏文章或者概述文章中，找到随笔文章和随笔的要素、特征。所以说，蒙田并没有成为这个时代的“古董”，他的影响至今仍然无处不在。

一、随笔的分类

随笔是一种文学手段，可用来书写万事万物的方方面面。

——奥尔德斯·赫胥黎（Aldous Huxley），

《随笔选集》（*Collected Essays*）（1958 年）

马丁·加德纳（Martin Gardner）是一位数学家，也是一位科学作家，他曾经这样写到，随笔文体“并没有一个十分明确的边界”。这类文体有着极强的灵活性，很难固定不变。随笔通常都是短文，当然也有鸿篇巨制；随笔通常都是非韵文，当然也有写成韵文的；随笔通常都是严肃的，当然，有时候也会令人忍俊不禁。虽然《纽约时报》的“观点”版块刊登的都是从800字到1200字不等的典型随笔文章，但是，有的随笔长到可以写成一本书，有的随笔短小到仅仅在描述一个单一的图景。长篇大论的随笔可以深入研究更为细分的主题，篇幅短小的随笔也可以做到覆盖广泛：当神经学家奥利弗·萨克斯（Olive Sacks）得知自己将因癌症而不久于人世时，写下了作品《我自己的生活》（*My Own Life*），首次尝试用三部曲式短篇随笔作品探索人类的内心深处。

学者们倾向于将个人随笔和评论性随笔区分开来。前者通常以第一人称写成，从作者的个人经验中获取写作内容；而后者更常用的是第三人称写法，是对一件艺术作品、一项科学进展、一个新闻话题或是当下事件的回应。像期刊《自然》《科学》的每周社论，以及与此相似的电影评论通常都是评论性随笔。本章的大部分内容也就是如此。无论是个人随笔还是评论性随笔，都会以鲜明的个人风格朝着写作目标前进。

那么，接下来我们就要谈谈随笔的另一个要素——历程。随笔绝对不是静态的；毕竟，“随笔”一词本身由动词演化而来。随笔所描述的历程可以是情绪化的、智力型的、物质的，或者以上特质兼而有之。它通常是从一个地方开始到另一个地方结束。正如我们接下来会看到的，很多情况下，作者的内心历程是他写作主题的映射，与写作主题交织并行。而这种运动感、发现感和变化感正是随笔的根本所在，也是一篇优秀的随笔作品能让人读来心旷神怡的主要原因之一。

许多随笔，其中也包括我最喜欢的文章，都具备评论性随笔和个人随笔的双重要素。这些融合了批判与个性的随笔有时候也被称为“小品文”（familiar essay），这是作家查尔斯·兰姆（Charles Lamb）在19世纪初提出的一个术语。安妮·法迪曼（Anne Fadiman）在她的随笔文集《闲话大小事：我们熟悉的随笔》（*At Large and at Small: Familiar Essays*）中写道：“人们认为评论性随笔理性色彩更浓，而个人随笔更加感性，但小品文则对理性与感性有着同等考量。”

> 如果要我将兰姆于1821年写的“耳朵”一章（Chapter on Ears）改写成一篇21世纪的评论性随笔，我可能会写成芭芭拉·卡特兰（Barbara Cartland）早期作品中有关后现代听觉意向的内容；如果改写成一篇21世纪的个人随笔，我可能会说，我的左耳垂上有个疙瘩，我在毕业舞会上没有化装，等等。但是，这样的文章我并不想写，也不想读。我更喜欢兰姆的原创作品，其中不仅写到他平庸的音乐才能，还写了羽管键琴、钢琴、歌剧、拥挤的街道和木匠的锤子的声音。换句话说，这篇文章不仅关乎作者，也关乎我们的世界。

“不仅关乎作者，也关乎我们的世界”，用这个说法来描述任何门类或者亚门类的优秀的随笔文章，都是很中肯的。

所以说，随笔是以个性化表达风格写就的，其中包含着一段或多段历程，并且它是关乎我们的世界的，从这个意义上讲，它们不仅与作者有关联，与读者亦有关联。然而，言说至此，随笔还是一个很宽泛的概念。那么，到底哪些作品不属于随笔呢？

（1）论辩性文章不属于随笔。它的“近亲”，比如谩骂和咆哮，也都不是随笔。实际上，正如《免疫》一书向我们展示的，随笔常常是论辩使用的绝佳对抗手段。随笔确实能够表达作者的观点，但它们常从问题入手，而不会预先就得出结论，并且，随笔要以开放的思想来寻找证据。虽然随笔很少持中立态度，但它们能做到公平。

（2）直白的新闻故事不属于随笔。19 世纪晚期，美国报界首先出现了“新闻叙事”语气，它追求完全的非个人立场的报道。新闻的职责就是用最清晰、最简洁的语言传播事实，直至今日，在这方面，也没有哪一种叙事类型能够超过“新闻叙事”。诗人埃米莉·希斯坦德（Emily Hiestand）曾经这样评价新闻：“它是公民生活中非常重要的一部分，是伟大的创举。”“新闻语气和个人语气是各有使命担当的，我们对两者的需求同时存在。”

（3）“纯叙事手法”的新闻特写也不属于随笔。以纯叙述手法写成的作品属于非虚构类作品，作者撤退到新闻背景之中，让文中的角色为自己代言。乔恩·富兰克林（Jon Franklin）的作品《凯利太太的妖怪》（*Mrs. Kelly's Monster*）于 1978 年发表在《巴尔的摩太阳报》（*Baltimore Sun*）上，讲述的是发生在一位脑外科医生和他的患者之间的故事。这部作品获得了普利策新闻奖（Pulitzer Prize），并且已经成为纯叙述类科学写作的经典之作。正是新闻报道的详尽性，让富兰克林可以写出下面这样的段落和文字：

在位于巴尔的摩市中心的大学医院大楼的12层，艾德娜·凯利（Edna Kelly）的丈夫正在和她做最后的道别。57年来，凯利太太一直都和“妖怪”共用一个头盖骨：然而，这一切到此就停止了。今天，她很害怕，但意志坚定。

此处，富兰克林把故事的舞台让给了他的表现对象，他甘当幕后导演，推动着故事发展。然而，读者却早已沉浸在故事人物真实的生命体验中，感受着他们的思想和情感，几乎忘记了作者的存在。

小说类文学作品的叙事手段，包括场景、对话和感官上的细致描写，都是用来赋予真实故事以小说的情感吸引力。当人们说“那篇非虚构作品读起来像小说一样”时，通常就是暗指这些叙事手段的效果。

这些叙事手段也是科学随笔作家要使用的，并且往往会带来意想不到的效果。纯叙事作品是不讲故事的，它以展示为主，但是随笔作品是讲故事和展示兼而有之，并且一位优秀的随笔作家会用他富有个性的表述把故事讲得像表演一样引人入胜。菲利普·罗帕特是一位作家兼教师，他把这类随笔称为“思想的远足”，并且要求他的学生不要因为展示而放弃讲述故事。他曾这样写道：“一个非虚构类文本能吸引我读下去的原因在于，在它给自己设定下一个句子、段落和论题的过程中充满了挑战，我可以感受到其中令人惊奇的、饱满充盈的思想。”

当然，这并不是说某一种文体就一定优于其他文体。总之，无论怎么写作，用纯叙述方式也好，用随笔方式也罢，抑或是采用了两种文体的结合，评判一个作者是否讲出了最好的故事，不仅要看故事自身的性质和作者的报道方式，还要看作者的态度和倾向性。

二、科学随笔简史

公元 1 世纪，早在蒙田开始写随笔之前的若干世纪，古罗马哲学家塞尼卡（Seneca）曾致信友人卢塞·刘易斯（Luci Luis），描述在庞贝古城发生的惨绝人寰的大地震。塞尼卡很想知道，“如果整个世界都在摇晃，并且最坚固的地方都摇摇欲坠，人们还会相信世界上有安全的地方吗？”人们只能去面对这根本的不确定性，他接着反思到，“或许人们可以从这种不确定性所提供的视角之中寻求到一丝安慰”。他又问道：“为什么我要惧怕人类、野兽、弓箭或是长矛呢？比这些更可怕的危险其实一直都暗藏在我们身边。”

除去信件名称，塞尼卡这封信的全文恰好就是一篇随笔：它通过庞贝地震的种种事件，以个性化表达开启了一次智慧之旅；并且，它的关切并不限于作者本身，对于整个世界他也着墨很多。

优秀的随笔作品与优秀的科学成果有很多共同之处，它们都要通过筛选证据来追求答案。塞尼卡的所作所为显示，他不仅仅是一位随笔作家，也是一位科学家，他调查了可能引发大地震的原因，并逐一进行分析和排除（他将引发地震的原因归结为地下气囊爆炸，在这一点上，他也像很多优秀的随笔作家和科学家一样犯了错误）。

随笔写作与科学研究在方法上具有相似性，源于它们共有的一段历史。随笔和科学几乎形成于同时代，约为 17 世纪中期，并且它们都是启蒙思想的早期典范。对于随笔作家和科学家来说，知识不依赖于仲裁权威，而是取决于证据和推理。（蒙田对此有一句名言："何为我所知？"）

到了 19 世纪晚期，西方的科学家通常借助随笔形式来分享自己的研究成果，以个性化表达，甚至经常以迷倒众人的对话语气报告自己从提出假说到得出结论的科研过程。比如，"它带给我兴奋感，不仅仅是出于普通的好奇心"，艾萨克·牛顿在 1672 年曾用这样的话语描写他的著名的色散实验。阿达·洛夫莱斯（Ada Lovelace）在 1834 年对计算机的前身——永动机改变世界的潜能有过描述，实际上这就是一个扩展版的随笔作品。达尔文（Darwin）于 1859 年出版的《物种起源》也可以算作科学随笔。

然而，到了 20 世纪早期，大多数科学论文都摒弃了个性化语言，取而代之的是，被动语态成了科学报告的标准表达，历史学家对此给出这样的解释：或许人们把强调的重点放在一般认为的客观实验上，而非主观实验者上（同一时代，美国各种报纸中的个性化表达和偏袒口吻也慢慢消失了）。科学领域演变得更加专业化，不同科学领域使用的语言也出现了专业化倾向。科学家为越来越专一的读者群体写作。然而，还有一些科学家仍在坚持为普通公众写作随笔作品。蕾切尔·卡逊

（Rachel Carson）1962 年首次出版的《寂静的春天》（*Silent Spring*）就是《纽约时报》推出的系列随笔作品。但是，随笔不再是科学家共同体内部交流的首要方式了。

20 世纪的大多数时期，实际上，那些沉溺于各种大众科学传播的科学家是被同行看不起的：据说，卡尔·萨根（Carl Sagon）就曾经因为有同事不赞成他上电视做公众科学传播而被取消美国国家科学院院士提名资格。幸运的是，越来越多的科学家意识到，这种向普通公众讲明白复杂的思想的能力并不是什么头脑迟钝的表现，而是很有价值的、求之不得的技能。正如历史学家埃德蒙·摩根（Edmund Morgon）所观察到的："将你知之甚少的东西简化很容易，而将你知之甚多的东西简化则需要不同顺序的天赋：不同寻常的洞察力，尤其是敏锐的感知力。"

现如今，科学随笔的种类已经十分多了。有一些随笔出自科学家之手，还有一些敢讲真话、最为练达的随笔是那些没有或很少接受过正规科学训练的人写就的。戴维斯·奎曼（Davis Quammen）在大学时代专修文学，写得一手进化论和其他科学话题的好文章；伊丽莎白·科尔伯特（Elizabeth Kolbert）也是这种情况，她写的关于气候变化的精辟报道带有她明显的个人风格。比尔·布赖森（Bill Bryson）的写作主题很广泛，从阿巴拉契亚山道的历史到宇宙历史都有涉及，他曾中断大学学业去旅行，后来重返学校，取得政治学学位，顺利毕业。

在有些科学随笔作品中，作者考虑个人经验或者进行观察时，会利用一些研究结果。但是，在其他的科学随笔中，作者更注重思考新闻中科学话题的重要意义。还有一些随笔作者向读者直接解释科学发现的第一手材料，并反思其带来的影响。总之，每一篇随笔不仅关乎作者，也关乎我们的世界。

第二章　捕捉点子　形成想法

虽然我没有举手示意，但我有过不少想法。关于自然，我们都被告诫要与其重新建立联系。可是，这个自然到底是什么呢？它们都在哪儿呢？

——凯瑟琳·杰米（Kathleen Jamie），

《病理学》（*Pathologies*），见于《视线》（*Sightlines*）

在写作随笔的过程中，最大的乐趣莫过于想法无处不在。实验室里、田野中、期刊文章中、童年记忆中、在咖啡屋同他人的交谈中，都会闪现出许多想法，激发我们的创作灵感。总之，想法多之又多，可哪些是有价值的？哪些又是没有价值的？我们应该怎样去识别呢？

作为一个编辑，有时候我觉得自己最重要的工作就是对别人说："你应该就此话题写一篇报道。"有一位作家曾经告诉我，木蜂能够画出完美无缺的圆，而人类如果不借助工具几乎无法画出那样的圆来。那么，我认为他应该就此写一篇随笔文章。还有一位作家，她回想起自己在南加州度过的童年，相信自己是因为在海滩上捡烟蒂而躲过了海啸劫难。那么，她是不是也应该就此写一篇文章呢？

我之所以这样说，是在回应随笔作家凯瑟琳·杰米所说的"脑海中有想法"。这个想法类似一种怀疑，我总是怀疑和我对话的那些作家对自己提到的话题或经历是有话想说的。至于他们具体想说些什么，我可能无法揣测，况且我也不指望他们马上就有答案。但是，如果他能够尝试去探索、去追寻，我就感到很欣慰。当然，我的这种怀疑也不全对。有时候，一位优秀的作家在“诱人的珍品”中不断地深挖下去，最终也可能一无所获，或者至少没有找到他想表达的内容。但是，我至少学会了去关注，关注我头脑中的这些想法。在本章中，我将更加细致地考察这些想法是缘何而起的。

一、三个要素

为什么木蜂和海啸就能抓住我的注意力？其实，我对这两个事物都知之甚少，但是，我知之甚少的东西实在太多了，并非每一个都能成为随笔创作的素材。我的这些想法有可能会上升为一切随笔文章所必需的要素：个性化表达、历程以及作家和读者的相关性。

我知道，木蜂和海啸这两篇文章的作者都有自己独特的方式来表达思想和感情（我们将在第五章中进一步讨论如何形成个性化表达）。我也知道，他们的表达风格尤其适合自己文章中要讨论的问题：史蒂芬•奥尼斯（Stephen Ornes）将他对木蜂及其画出的圆圈的兴趣融入《篱笆上的阿基米德》（*Archimedes in the Fence*）一文中，用人类的术语来探讨蜜蜂身上发生的数学问题，在这一点上他是很有天赋的。希瑟•阿贝尔（Heather Abel）在《防范海啸的简单三步骤》（*How to Stop a Tsunami in Three Easy Steps*）一文中，对童年时期海啸带给自己的恐惧记忆犹新，于是写成了这篇精彩的回忆录随笔。

我认为这些想法非常有可能推演出外在历程和内在历程的相关说法。简单地说，外在历程，无论是身体的历程还是随着时间而发生的一系列活动，它通常构架着一篇随笔的情感或智力的发展过程（第三章将详细讨论外在历程和内在历程）。

虽然戏剧化的外在历程，诸如孩子的降生、第一次登上山顶，对构架随笔文章的内在历程很有帮助，但是，一些顶级文章的内在历程都是受到一些平凡经历的启发。而这些经历很少有人体验过，更少有人愿意花费心思去写出来。无论是童年的阿贝尔在海滩上散步，还是奥尼斯细心观察木蜂，它们的外在历程都缺乏戏剧性。然而，这两段经历都有一个共同的优势，那就是对作者而言，这段经历是非常特殊的，并且对读者来说一定是全新的、从未体验过的。

另外一点，就像安妮·法迪曼在《闲话大小事：我们熟悉的随笔》中所讲的，这两个故事都充满了“对世界的关切”。阿贝尔可能是唯一试图通过在海滩上收集垃圾来实现保护海洋的孩子；相反，有很多孩子担心那些不可控力，而且很多家长对孩子的担忧亦是忧心忡忡。因此，阿贝尔所记述的内心恐惧和迷信，实际上与他人和整个世界有着广泛的关联。

与此同时，奥尼斯的木蜂让他想起古希腊数学家阿基米德的故事，阿基米德是那么沉迷于画圆圈，以至于罗马士兵到了家门口都浑然不觉。奥尼斯基于木蜂和阿基米德与圆圈这两个并行的故事所引发的内在历程，与那些不惜以自己美好生活为代价孜孜追求完美的人而言，也有相关性，也就是说，和我们中的大多数人都有相关性。

二、触发性问题

我很想告诉大家，每当听到能够触动我的、有意思的想法时，我就会按照前面所说的标准，有条不紊、不疾不徐地检查一遍：有没有个性化表达？有没有一段发展历程？有没有更广泛的关联性？事实上，这个检查过程耗时很短，大约持续5秒钟，之后便如释重负："好，啊哈！"

当我把那样的检查过程逐步分解时，我可以看到，没错，在这5秒钟内，我的一些神经突触可能确实识别出了潜在的个性化表达、发展历程以及它们与我脑海中的读者的关联性。不过，我确立这些标准的时候更多的是基于理性思考，而检查是否达到这一系列标准时则主要出于本能。

在上一章中我提到过，大多数随笔都是从一个问题入手写的，这与大多数的科学实验很相似。当我斟酌一篇随笔写作的选题时，无论是作为编辑还是作者，能够吸引我的主要还是那些或是清晰或是模糊的待探索答案。这就好比阿贝尔很想知道，与现代的孩子们分享自己在童年时代对自然灾害的恐惧时，该说些什么好；奥尼斯很想知道，木蜂是不是家家后院都有的一种害虫；《免疫》一书的作者尤拉·比斯很想知道，疫苗之争是否真的是"无知"妈妈和"高知"医生之间的一场较量。

有趣的问题往往会引发一段有趣的发展历程，正是这种潜能让我有了种种想法。

在《病理学》一文，即本章开头所引用的这篇文章中，凯瑟琳·杰米写到了她对“自然”这个单词突然感到的无所适从。她身边的人都把自然视为一种仁慈的力量，当作可以依赖的盟友，但在她目睹了母亲的死亡后不由地产生了怀疑。她写道：

> 我感觉到母亲病榻旁边有些什么，像动物一样。死亡是自然界可悲的必然。但是，如果死亡降临到孩子们身上，又意味着什么呢？如果不是为了彻底摆脱那些神奇的其他物种（病毒），人类接种疫苗又是图什么呢？

凯蒂·巴特勒（Katy Butler）的父亲心脏装有起搏器，虽然生命得以延长，后来却患上了严重的阿尔茨海默病，这给凯蒂的母亲及其家人带来了痛苦和负担。因此，她也感受到了一种类似的错乱。她还记得曾这样自问：“我是不是很怪？世界上还有没有比我所经历的更大的事情？”后来她写了一篇感人至深的文章——《我的父亲有颗破碎的心》（*My Father's Broken Heart*）发表在《纽约时报》上。在这篇文章的研究和写作过程中，她不仅探究了家庭所遭受的情感创伤，还发现了曾让她父亲的生命痛苦地得以延长的背后的经济因素。

由于“近代随笔之父”蒙田开创了对话写作形式，这些触发性问题往往会成为文章本身的一部分。物理学家艾伦·莱特曼（Alan Lightman）

在《即将死去的年轻科学家》（*A Scientist Dying Young*）一文中这样写道：

> 最近我就要满 35 岁了，对自己从事物理研究的职业生涯做了一个总结。这个总结并不令人愉快，但总是要面对。一个人到了这个年龄，或者再过几年，就应该完成最有创造力的成果或者看到胜利的曙光了。毕生的职业生涯，要么是成就满满，要么就是两手空空。对我个人和绝大多数同事，我恐怕只能这样下结论：我们的工作值得尊重，但并不成功。很好！遗憾的是，现在我应该决定自己的余生该做什么了。

莱特曼的这篇短文非常出色，原因想必大家都知道：它有个性化的表达、一段外在历程（反思莱特曼的职业生涯和其他科学家的职业生涯）以及一个内在历程。这个内在历程就是作者自己对成功和职业满意度的理解。这些历程既有特别之处，也具有普遍意义：即使我们不认为自己年过 35 岁就不再处于生命的巅峰，但也都在日渐老去，都在思考如何利用拥有的时间。

不过，我认为这并不能解释莱特曼为什么要写这篇文章。我怀疑他只是想解决一个困扰他的问题：余生该怎样度过？

有时候随笔文章能够找到全部答案或部分答案，有时候却不能。这仅仅是有时候（如果说答案有点儿眉目的话，也就是在文章结尾，莱特曼对自己的前景比在开篇处更为悲观）。有时候，一堆新问题又会接踵而来。因此，对作者和读者来说，一篇好文章的满意度评价更多地源自对问题本身的探究过程，而能够解决多少问题则是次要的。

三、应景随笔

受新近发生的事件启发而写成的随笔，也往往蕴含着深刻的相关性。应景性的随笔经常发表在专栏和博客上，我的一位历史学家朋友阿普里尔·梅洛克斯（April Merleaux）认为，这类随笔可以提供“应急语境”，可以将今日之新闻与过去和未来关联起来。撇开更高的目标不谈，应景性随笔更容易发表，更容易帮助作者拿到高额稿费（关于此，将在第七章更多论及）。

然而，写这类应急文章的作家不能终日无所事事，守株待兔是不行的，头脑中那些让人好奇的点子是不会自己变成随笔文章的。他们得动笔写起来，在截稿日期之前围绕主题写出东西来。

倘若写时效性较强的随笔文章，科学论文则是获取触发性问题的可靠来源。科学新发现可能会促使你重新审视自己做过的研究或以前写的报道。当然，也有可能让你回忆起一段个人经历，开启一段可能构架起一篇文章的内部历程。另外，当下的头条新闻也是寻找触发性问题的“富矿”：阿贝尔写关于海啸的文章并不是受某一篇科学论文的触动，而是起因于《纽约客》（*The New Yorker*）上刊登的一则有关太平洋西北部有毁灭性地震风险的故事。当这个故事广泛传播开来时，阿贝尔回忆起自己童年时期所经历的恐惧，很想知道该如何把这条消息告诉自己的孩子。

被指定写一篇新闻或一项科学发现的随笔作家，可能会自己提出一些万能的触发性问题，比如：关于这件事需要说些什么？还有哪些内容是没说出来的？我对此一直以来是持什么想法？关于这一点，最常见的误解是什么？为什么不能消除？（一个违反直觉的说法“关于培根，你所知道的一切都不正确！”已经成为网络新闻界的陈词滥调，但是，与大多数的陈词滥调一样，它能够流行都因为有一个很好的理由：读者喜欢惊讶感。）此外，也可以向朋友、同事征求意见，尤其是当你对手头的话题有了相对深入的了解的时候。朋友、同事提出的问题有可能帮助你挖掘出一段与读者相关的历程。

杰奎·巴纳辛斯基（Jacqui Banaszynski）既是一位新闻记者，也是一位新闻学教授，她建议自己的学生都养成“翻阅自己的好奇点”（curiosity riffing）的习惯。也就是说，要把自己手头作业中遇到的所有问题都打印出来，无论问题有多愚蠢和可笑，并且把没有使用过的问题留给以后的灵感。她建议，“要学会以质疑的方式生活”。对所有的新闻记者来说，这也不失为一个很好的建议，尤其是对面临交稿日期的随笔作者来说更是如此。

纳迪娅·德雷克（Nadia Drake）是《国家地理》（*National Geographic*）“月是故乡明”（*No Place Like Home*）博客的一位供稿作者，2015 年夏天，“新视野号”宇宙飞船飞抵冥王星，她抓住这个契机给自己提出了触发性问题。她在一篇题为“这就是我最想看到的冥王星奇观”（*Here's the Weird Feature I'd like to See on Pluto*）的博文中，描写了自己长久以来对那条环绕了土卫八 3/4 轨道的一条神秘山脉的痴迷。在该文中，她研究了有关这条山脉形成的各种理论，探讨了冥王星上存在类似赤道脊的可能性。她还向科学家发问：如果他们在冥王星上看到这样的山脊会做何反应？有一位科学家就回应说，“我们都会很吃惊的”。

所以，当我们写作随笔文章的时候，要检查三个要素：有没有个性化的表达？有没有外部历程和内部历程？有没有建立起更广泛的关联性？尽管“新视野号”宇宙飞船最终没能在冥王星上找到类似赤道附近的山脉，但是，通过这篇不到 800 个单词的文章，德雷克的读者们及时地、令人满意地到太阳系中一个鲜为人知的邻近带进行了一次认知旅行。

第三章　科学随笔的篇章结构

每一个感知行为都是在尝试让混乱的宇宙变得有序和易于理解。从某种层面上讲，讲故事就是这样一个过程的体现。

——约翰·约克尔（John Yorke），《走进丛林》（*Into the Woods*）

在创作随笔的过程中，会有探索和发现，会走弯路，也会有意外发现，甚至，走走弯路也能成为重要的乐趣所在。有时候，作者找不到创作的方向，就像在丛林中漫无目的地游荡一样，这也是在所难免的。但是，在你开始创作之前，在你开始推敲妙语佳句之前，首先需要定位自己的坐标，找到明确的创作方向。如果能很好地理解所要创作的外部历程和内部历程，就会节省大量时间，这样，作者和读者也都将更自由地去品鉴一段探索的经历。

随笔作家保罗 · 格雷厄姆（Paul Graham）说："随笔的篇章结构非常像河流的走向。虽然看起来都是蜿蜒曲折的，但总是自上而下流淌，一路向前，开辟出阻力最小的河道。"格雷厄姆又写道：随笔"是在趣味中流淌"的，它以读者和作者都无法预知的方式左右徘徊、上下求索，探寻着未知答案。在本章，我将主要探讨如何找到充满意趣的创作方向，并沿着它坚持写完。

有一点需要说明：对随笔结构的探讨先于调查研究，并不是说我认为篇章架构就要先行于研究工作，而是我觉得研究工作本身也是一段历程，并且很多随笔文章都是围绕这个研究历程进行架构的。所以，在开展研究的过程中，作者就要思考文章的架构，要在阅读和采访的过程中审视自己要表现的历程，而这对于随笔创作是有助益的。

一、故事从塔图因星开始

我们讲故事都是有一个“套路”，甚至小孩子讲故事的时候也会本能地遵循这个“套路”。作家、学者对这个“套路”曾经有过各种各样的描述。英国剧作家约翰·约克尔认为，从古代神话到《哈利·波特》（*Harry Potter*），再到《傀儡人生》（*Being John Malkovich*），几乎每一个故事的剧情都可以主要划分为三幕：首先，主人公自己步入或者被抛入一个全新环境中；其次，主人公与反对势力做斗争；最后，主人公整合了新旧两派要素，达成相对和谐。

或者，说得再简单一些，就是主人公先有一段经历，然后实现回归。

在给学生上写作课的时候，我经常这样开头：任何一个故事都是由开端、发展和结局构成的，因此，任何一段历程也莫不如此。每每于此，同学们都会哄堂大笑。这不是明摆着的吗？！没错。但是，当你创作正酣时，当你被杂乱的事实、情绪以及尚不能完全立得住脚的观点所包围时，就非常容易把要表现的那段历程的基本架构忘到脑后。

我们可以尝试着去解构一些著名的虚构类作品所表现的历程，不妨就从最初的《星球大战》第4集“极客”（*Star Wars*，*Episode Ⅳ*，*geeks*）入手。你能用一个短句描述出卢克·天行者（Luke Skywalker）经历的外部历程和内部历程吗？你是否能识别出这些历程的开端、发展和结局，然后也都用短句描述出来？

答案可能不是唯一的，但我想给出这样的解释。

外部历程（通常是身体方面的）：卢克和他的同伴摧毁了死星，拯救了义军。

内部历程（通常是情绪或者心智方面的）：卢克开始发现自己的身份。

外部过程的开端、发展和结局：卢克和他的同伴从塔图因星逃脱；他们在死星上同恶势力做斗争；他们最终成功脱身并且摧毁了死星。

内部历程的开端、发展和结局：卢克为自己身外的事业献身；卢克了解到自己的身世并且服从了绝地信条；卢克成长为一个绝地武士。

我们可以再剖析《夏洛特的网》（*Charlotte's Web*）这部作品，它的外部历程和内部历程又是怎样的呢？

外部历程：小猪威尔伯躲过了屠夫的刀，却失去了朋友蜘蛛夏洛特。

内部历程：威尔伯学会了照顾他人。

外部历程的开端、发展和结局：威尔伯被迫离开舒适的家园，去面对死亡；威尔伯在夏洛特的帮助下死里逃生；威尔伯失去了夏洛特，并且抚养她的遗孤。

内部历程的开端、发展和结局：威尔伯感到既孤独又害怕；威尔伯是夏洛特的朋友，并且开始学会照顾她；威尔伯抚养夏洛特的遗孤，细心照顾她。

不妨再来一起看看《哈姆雷特》(*Hamlet*)。

外部历程：哈姆雷特发现自己的父亲被人谋杀，一心想要复仇。

内部历程：哈姆雷特寻找机会为父亲复仇的意愿。

外部历程的开端、发展和结局：哈姆雷特悼念父亲；哈姆雷特揭开了父亲被谋杀的秘密，一心寻仇；哈姆雷特动手了，血洗门庭。

内部历程的开端、发展和结局：哈姆雷特的世界充满悲伤而破碎；哈姆雷特经过内心的斗争克服了优柔寡断；哈姆雷特引发了灾难，临死之前知道自己终于走出了这一步。

至此，关于创作的历程，已是豁然开朗。

关于历程的这些说法似乎有些公式化，的确，在某种意义上它就是公式化的。但是，千百年来，这条公式确实很好地娱乐了我们。我们可以用各种方式对它进行拓展、压缩和变形。我们可以把它原样展示给读者，也可以对其加以矫饰，隐去其庐山真面目，让人看不出来。用这种方式讲述，无论哪种类型的故事讲述者都可以颠覆观众的期望，而又不至于胡说八道。我们可以把“历程”想象为一种既灵活又稳定的线框图，对读者和作者来说都是如此。

大多数非虚构叙事作品也都遵循这个三段式结构：在《凯利太太的妖怪》一文中，第一部分是脑外科医生离开家门走进手术室；第二部分是他靠近并尝试面对这个“妖怪”——凯利太太大脑后部的异常血管；第三部分是他束手无策，任凭自己的患者死去。

实际上，在大多数随笔作品中，作者自己都会充当主人公角色，去经历那些外部历程和内部历程。这些历程都要遵循一个标准的三段式结构，但会有情节的曲折：在随笔文章中，作者的对手不是达思·韦德（Darth Vader）或屠夫，也不是那个凶残的继父，而是一个现成的故事——一个平实的，抑或是带有一些假想成分的故事。不同于激光剑或者是《魔戒》（*One Ring*），随笔作品的主人公从他的历程中归来时，会给我们带来新的故事。

这一点在纯粹的批评类文章中体现得更明显，作者在这类文章中要对一个结构性的故事（比如一部电影或一部喜剧）进行分析。不过，实际上在我能想到的所有类型的随笔作品中，情况都是如此。比如在《病理学》这篇文章中，作者凯瑟琳·杰米所要面对的就是人类与自然应该发生联系的故事。在《即将死去的年轻科学家》一文中，艾伦·莱特曼反思了他的科研生涯是如何到达顶峰的；在希瑟·阿贝尔关于海啸的随笔中，以一种简单的、可预知的方式化解孩子们对恐惧的反应；在史蒂芬·奥尼斯关于木蜂的随笔中，他在自家后院的一种昆虫身上竟然发现了数学的优雅之美。

总之，写随笔就是审视其他故事的故事。在科学地审视关于我们在物质世界中的故事时，随笔能进行质疑、将其复杂化，并且时常会颠覆我们想当然的事。

因此，作为作者，你就是主人公，在随笔写作过程中确定方向的第一步就是要辨别出即将充当你对手的那个现有故事。所以，用起原力吧，你能行的！

接下来，我们思考一下瑞贝卡·斯克鲁特（Rebecca Skloot）为《海瑞塔·拉克斯的不朽人生》（*The Immortal Life of Henrietta Lacks*）做的序《照片中的女人》（*The Woman in the Photograph*）。

故事原型：海瑞塔·拉克斯，她的细胞中含有高级的现代药物，注定不能暴露身份。

作家的外部历程：斯克鲁特用了十年时间来揭秘拉克斯的生命故事，讲述她在主观不情愿的情况下给子孙后代捐献细胞而产生的后果。

作家的内部历程：斯克鲁特要直面自己内心中隐藏的关于科学和种族的种种设想。

拉克斯家族的成员也在经历着外部历程和内部历程，相比于斯克鲁特个人的历程而言，他们的历程带有更广泛的含义，真正主导着全书和序言的走向。但在这里，就如同很多随笔文章一样，作者自身的历程对于序言的篇章结构来讲是最本质的，它组成了文章的主干，而其他人的历程只是枝杈部分。

下面，我们再思考一下《46 街的超级鸽子》（*Superdove on the 46th Street*），这是大卫•奎曼（David Quammen）在著名的《户外》（*Outside*）杂志的“自然行为”专栏中的最后一部分。

> 故事原型：人们认为鸽子是蠢笨而无助的动物。
>
> 作家的外部历程：在一次去纽约市的旅途中，奎曼注意到了鸽子。
>
> 作家的内部历程：奎曼开始把鸽子视为人类对动物物种和植物物种之间无意识转换而形成的“超级鸽”。

还记得我说过的主人公微不足道的外部历程会引导你写出有趣的随笔作品吗？奎曼的外部历程包含着他与生活在城市中的鸽子的三次不经意的、短暂的邂逅。但是，正如《照片中的女人》一样，作者的历程已经给文章设定了一个微妙却又稳定的架构。

现在，我们再来剖析娜塔莉•安吉尔（Natalie Angier）的文章《解剖快乐》（*The Anatomy of Joy*），这是她给《纽约时报》“科学”版写的众多专栏文章之一。

故事原型：悲伤是值得人们去研究的，而幸福则不然。

作家的外部历程：安吉尔浏览了人们最近关于幸福的研究。

作家的内部历程：安吉尔对研究幸福这一课题的困难表示认同，并认同幸福作为一种情感所具有的重要意义。

这篇随笔篇幅很短，不足1000个单词，并且是以第三人称而非第一人称口吻写成的。文章以暗示的手法展现作者本人和故事主人公所经历的历程，没有直接点破。不过，这篇文章仍旧是有个性化表达的：安吉尔梦幻般的语言驾驭能力让她在记者界与众不同，让人一目了然；文章也有一个遵循三段式结构的历程和一个清晰的、广泛的相关性：在关于幸福的科学之中，人人都分到了一杯羹。

二、站在制高点俯视自己

在个人色彩较浓的随笔作品中，作者会面对一个他自己的故事原型，这就要求作者对故事有自己的看法，这是很关键的。否则，随笔的结尾就可能出现安妮•法迪曼说的情况：理性不足而感性有余。要形成自己的观点需要花一些时间，并且在这个过程中，人们总是愿意找自己的缺点和不足。“如果一个作家不能摆脱检视自身不足而带来的惴惴不安之感，在创作个人色彩浓重的随笔文章路上，他将行之不远”，菲利普•罗帕特这样写道，“要能站在制高点上俯视自己。”最高效的个人随笔作家会培养一种近乎科学的好奇心，对自己和他人的经历充满好奇，尽职尽责地报道自己的全部观察发现，而不在乎能否讨好他人。

这里，我们以莱斯利·贾米森（Leslie Jamison）的同名随笔集作品中的《同理心的检测》（*The Empathy Exams*）为例进一步说明。这是一篇很长的文章，遵循着多个人物的内部历程和外部历程展开错综复杂的故事情节，其中一些人物是作者虚构的，故事情节按照时间推移在一些互不相干的场所之间来来回回转换。虽然这个故事丝毫没有公式化的痕迹，但实际上也是依照个人内心中极具个性化的历程进行架构的，即贾米森在连续手术中的外部历程以及她对由己及人的同理心的内在探索。当然，她并没有逃避，而是进行了自我检视，坦诚地写出了自己对哥哥在异国他乡生病时没有产生同理心的事实。然而，她对自己和笔下的其他人还是给予了一定包容，她说：这是个共性问题，每个人都要面对，都要挣扎。

贾米森的对手——故事原型——相信真正的同理心只会自发地产生。作者以灵光一现的洞察力在文章结尾表达出了这层意思，她写道："人们产生同理心并不是凑巧那么简单的事，它不像人们脑海中一闪而过的神经键流星雨，这是人们经过思考做出的选择：要给予关注，要从我们自身延伸出去。"她通过观察发现，人们经常会把有所图谋假想成爱的敌人，但是，一些最伟大的爱的行为就是需要付出心血和劳累的。随着时间的推移，贾米森数易其稿，冷静而充满同情的风格无疑又强化着她的观点。

三、随笔的实际结构

那么，如何在实际写作过程中应用上述规则呢？尤其是交稿截止时间临近之时。这里，我来展示一下自己在科学博客“最后一句废话”（*The Last Word on Nothing*）中绘制的文章结构图。

就在计划写篇博文的前一天，我听到一则由政府发起的“鸬鹚捕杀”事件的新闻，该事件就发生在离我住处不远的哥伦比亚河附近。因为鲑鱼幼鱼是鸬鹚的美食，所以为了保护未成年的鲑鱼，数以千计的鸬鹚被捕杀了。此前我就听说过类似的捕杀事件，但是这一次，也是第一次，我想一探究竟，搞清楚这是否只是一个孤立事件。我快速上网搜索了相关信息，结果令我大吃一惊：原来，几个世纪以来，人类一直都在以保护鱼类的名义捕杀鸬鹚。可牺牲掉这些鸬鹚的生命真的能给鲑鱼带来福音吗？于是，我的头脑中产生了一个一触即发的问题，还有一个需要进一步调查的故事原型。

故事原型：在哥伦比亚河地区，人们通过捕杀鸬鹚来保护鲑鱼幼鱼。

我花了大约 1 个小时阅读了很多关于鸬鹚的文章和书籍摘要，了解到很久以来鸬鹚就被当作杀害鲑鱼的替罪羊，但没有什么证据表明鸬鹚越少，鲑鱼越多。我还了解到，尤其是在哥伦比亚河一带，捕杀鸬鹚可能不会对鲑鱼产生那么大的益处。一份由美国鱼类及野生动物管理局写成、由环境组织传阅、未公开发表的分析报告指出，鲑鱼幼鱼即使不被鸬鹚捕杀，也很可能成为其他天敌的猎物。尽管我之前就认为捕杀鸬鹚是令人难过却很必要的措施，但是这份分析报告似乎表明捕杀鸬鹚这种行为不仅是令人伤心的，而且是完全没有意义的，走到今天这一步，有可能是历史的积怨所致。

作家的外部历程：我坐在书桌前阅读有关鸬鹚的资料（比较无聊，没写进随笔文章中）。

作家的内部历程：我开始质疑捕杀鸬鹚的行为。

作家的内部历程的开端、发展和结局：我假设鸬鹚被捕杀是令人难过却很有必要的行为；我了解到人们过去和现在捕杀鸬鹚是缺乏确凿证据和理由的；我质疑哥伦比亚河地区的鸬鹚捕杀行为。

在我短暂的科学和历史历程中，我发现了一个对我而言全新的故事，并且，我觉得把这个故事再分享给读者是很有价值的。

尽管我的研究工作尚未结束（我发现已完成 3/4），但我已经把随笔文章的要素拆解成若干可移动的模块，准备好确定文章的基本构架了。

很多随笔都从作家的历程与故事原型的交点起笔，或者是围绕着它起笔，然后进入一个或多或少按时间序列推进的讲述过程，再之后修改形成的故事。斯克鲁特的《照片中的女人》就起笔于描写挂在她墙上的海瑞塔·拉克斯的旧照片。奎曼的《46 街的超级鸽子》也是从自己开始以新奇眼光看待的“稀松平常”的纽约鸽子开篇。“它看起来并不像是多么有威胁性、有优势的生物，也不像是世界的征服者"，他若有所思地说道，"但是，最近我有理由怀疑这一点了。"（有关随笔的开篇，将在第五章进一步探讨）。

同样的道理，我在写博文《亚里士多德的乌鸦》（*Aristotle's Raven*）时，决定开篇就首先描写新闻中报道的捕杀情况，然后按照时间顺序讲述我的内心历程（一般情况下，就可以按照时间顺序来推进写作，除非你能找到更好的方法）。正如加州大学圣克鲁兹分校的一位资深科学传播项目主任罗布·伊里翁（Rob Irion）教导他的学生时所说的："你不是在给什么纪念品写剧本。"

我这篇博文的最初结构是这样的：

故事原型：为了保护鲑鱼的数量，人们正在哥伦比亚河地区捕杀鸬鹚。

内部历程的开端：我听说了这个事情，虽然觉得很让人伤心，但还是把它想成是一个合理、必要的行动。

内部历程的发展：我了解到长期以来人们对鸬鹚怀恨在心，也了解到过去和现在捕杀鸬鹚是有失公正的。

内部历程的结局：我质疑当前的鸬鹚捕杀行为。

这个架构虽然不是我这篇文章的精确蓝图，但它确实描述了我创作的整个图景和大方向，因此，在码字过程中节省了不少试验和犯错误的时间。我也经常用这种粗线条的提纲来架构我的研究，并在写作实践中加以试验：如果我打算走一条新路，我会首先在大纲中尝试。

最后再举一个例子，看一下《46 街的超级鸽子》一文的文章结构，包括作者所写的内部历程和外部历程。

这篇文章的结构展开后，大致如下：

故事原型：鸽子是无助的、蠢笨的。

外部历程的开端：奎曼在曼哈顿遇到一只不起眼的鸽子。

内部历程的开端：奎曼读到一本书，是关于野生鸽子的“超级大国”在与人类长期交往的过程的。

外部历程的发展：奎曼拜访了一位现代养鸽人。

内部历程的发展：奎曼了解到，野生鸽子继续与逃亡的驯养鸽子交配，对人类社会的适应性正在不断增强。

外部历程的结局：离开纽约之际，奎曼看到了最后几只鸽子。

内部历程的结局：奎曼反思了野生鸽子所具有的更重要意义。

奎曼在展开外部历程和内部历程的过程中，颠覆了鸽子的故事原型，用一群精明的生存者形象取代我们想象中的温和的鸟类。如果想知道为什么该去关心这个问题就会发现，我们无意中对鸽子改良的做法是可以无限重复的。“当地球上最后存活下来的动物和植物都和我们人类一样超级时”，他总结道，“世界将会变得拥挤而孤独。”

本章所探讨的随笔篇章结构的实践，实则与讲故事的基本原则相通，都是要经过一个改造的过程，最终实现适应个人写作的目标。无论你把这些实践用得多么出神入化，也不能保证每次都能找准创作方向，因为它本来就不是万能的。但是，几个创作原则还是有助于让你的创作更加意趣充盈的。

第四章　科学随笔的报道与研究

为了写好文章，作家把大部分时间都花在阅读上了。

——塞缪尔·约翰逊（Samuel Johnson），

引自詹姆斯·博斯维尔（James Boswell）的

《塞缪尔·约翰逊的一生》（*The Life of Samuel Johnson*）

即便是外行人士也不会否认，随笔的报道性不及标准新闻和深度特写。各种刊物在确定稿酬结构时就考虑了这一点，所以评论文章或随笔作者拿到的稿酬总是低于新闻和深度报道的作者的稿酬。究其原因，一部分是评论文章或随笔这类稿源充足的假象，造成人们有这种错误认识：对编辑来说，找到愿意免费或者略取薄酬就能详述自己的经历或者就近期新闻发表意见的作者，并不是多难的事情。

不过，要写出有重大意义的随笔文章，仍需有严谨的研究作为支撑。如果作者想引领读者到一个不熟悉的领域，接触一个陌生主题，首先要清楚自己了解什么，还要弄清楚他人在你之前在此领域有哪些知识积累。如果你想拓展个人经历与他人和外界之间的相关性，可以采访那些愿意分享相关故事的人，或是通过调查研究来还原整个事件的来龙去脉。如果你想透彻地理解一项科学新发现的深刻含义，除了要理解这项发现本身外，还应该了解其所处的科学语境，甚至还包括文化的、历史的语境。因此，一篇高质量的随笔文章在研究深度上，至少是能与同类新闻和深度报道比肩的。

令人遗憾的是，这个稿酬规则意味着工作量等同于甚至大于新闻和深度报道的随笔写作，作者拿到的稿费却相对较少。不过，也有另外一个好消息：开展相关研究是让你的随笔作品在编辑和一众读者那里脱颖而出的上上之策，同时，也可以让你理直气壮地要求提高稿酬（通过研究工作，可以让随笔作品越过那条模糊的界限，拿到和深度报道一样高的稿酬）。尽管报道的写作都是令人愉悦的，但我发现，为了写随笔而开展调查更加美妙，它可以带我进入更加神秘莫测的迷人之境，让我成为一个更有创造力、考虑更加周到的报道者，能够游刃有余地穿梭于各种故事之中。

在本章中，我将详细讲述如何通过调研来丰富随笔写作，并探讨随笔写作的行文技巧及研究策略。

一、细节的研究

要注重细节报道，这是报道者所接受的专业教育，不仅要记录消息人士的口述内容，还应留意他们的外表、举止以及周围的环境。报道者精心选择并呈现的细节能够帮助读者在头脑中生成故事画面，仿佛身临其境，甚至感知到现场的气息、声音和味道。感官意识到哪里，人们的思维就会追随到哪里，这样一来，读者就会从头读到尾始终跟随报道者的脚步。同样的道理，报道者也会搜集各种各样的信息源去还原自己并未见证过的现实场景。比如，起火是在当天的什么时间？当天天气如何？消防队队长接到报警时手头正在做什么？这些采访、新闻报道、历史记录以及照片都能提供吸引读者注意的细节信息。

这些基于细心观察并用清新的语言传达出来的细节信息，对随笔写作者来说更为重要。诗人埃米莉・希斯坦德曾说过：“个人写作风格就体现在为什么写和怎么写上，当然每个人的风格都不尽相同。风格的形成在很大程度上依赖的是写作者的感官理解，而不是那些单纯的感官数据，也不是纯粹的事实记录。”

下面这段文字出自珍妮・普赖斯（Jenny Price）的《航线图》（*Flight Map*）中的随笔作品《候鸽》（*The Passenger Pigeon*）：

> 几个星期以来，集市上鸽子泛滥成灾，殖民地的居民将鸽子做成各种美味佳肴：烤乳鸽、肉汁煨乳鸽、鸽子牛蹄汤。他们把鸽子腌制起来，贮藏在桶里以备过冬。最后，人们还希望把空气中充斥的家禽的臭味和飘浮的羽毛清除干净。但是没过一会儿，鸽子们又自发聚集起来，继续在街上寻欢作乐。

虽说这段文字所描述的场景已然是 3 个多世纪以前的事情了，但是，它仍旧能全方位地触发读者的感官：我们仿佛看到了集市上堆积的鸽子尸体，闻到了烹煮的鸽肉味儿，尝到了肉汁和炖汤的滋味儿，听到了鸽子的吵闹声传来，感受到了空气中飘浮的羽毛落在皮肤上的痒劲儿，甚至仿佛体验到了被熬制成胶冻的鸽子那令人发毛的质感。

按照惯例，随笔的作者不会像新闻报道作者那样，在文中把自己所做的工作全部体现出来。虽然他们偶尔也会引经据典并标明出处，但更倾向于在文中弱化参考资料，以便给读者营造一个通顺的、流畅的、浸入式的阅读体验。《候鸽》的作者普赖斯是一位训练有素的历史学家，她确实以尾注的形式标明了所引用材料的出处，这样，我们就能知道她翻阅过两份一手资料和至少两本经典食谱，从中搜集到上文里描写的烹饪细节，包括鸽肉的味道、不同菜肴的名字和配料。

如果做田野调查，一定记得把你听到的、闻到的、尝到的和触摸到的素材都记录下来，而不能仅仅满足于眼睛所捕捉到的信息。同时，还要记录下你当时的一系列情感反应，这些原始的细腻情感对细节描写往往是很有用的，但如果当时没能抓住，过后很容易就忘记了。具体到操作层面，有的作者会通过拍照和录音等方式，作为笔记的补充。比如，在结束一天的报道工作后，我会经常在回家路上边开车边对着录音笔进行口述。

无论事发时你是否在现场，那些田野指导、首席研究人员和专家都会是你获取最生动、最科学、最准确的细节信息的源头。以下这段文字描写出自米拉•塞布拉马尼亚（Meera Subramanian）所著的《秃鹫正在印度消失》（*India's Vanishing Vultures*），在这则深度报道中，充分体现了随笔的要素，作者通过对鸟类的细节描写，有效强化了自己第一手观察所获得的信息。

那里有黑色老鹰般的鸢鸟、“呀呀”直叫的乌鸦，还有几只灰秃秃的秃鹫，这世上有那么一众黑颜色的角色喜欢如君王般傲视群雄地矗立在树枝上。其中一只落在树梢上，重得足以压垮粗壮的树枝。老鹰们则分散开来，停落在稍低处的树枝上，树干的粗壮让它们有些相形见绌。这时，只见一群瘦小的白鹭幼鸟都站在一个硕大的动物胸腔残骸里，捡食里面的残肉。还有长着末端双向分叉的长尾的卷尾鸟以及头顶扇形黑尖肉冠的戴胜鸟……黑鹮一头扎进一片血肉模糊的残骸中，轻巧地啄食着看上去是一团厚厚的酒红色凝固物。这些骸骨堆积成山，足足有 15 英尺[①]高，还有一些骨头上的肉没有剔干净，这时候，就等着拾骨人的到来，好把这些残骨带回去磨碎，变为肥料和养料。

如果是要基于个人经历写一篇随笔文章，那么，写作者可以借助期刊、相册等材料进一步证实自己记忆中的内容信息，或者在记忆内容之上增加更为具体的信息。当然，采访朋友、家人或当时在场的其他人也可以达到这个效果（参见本章末尾处有关采访亲朋好友和处理矛盾争端的建议）。此外，正式发布或者录播的采访、报纸以及历史记录，都有助于丰富随笔创作的细节信息和拓展写作维度。蕾切尔·卡逊的著作《海边》（*The Edge of the Sea*）中有一篇文章叫《边缘世界》（*The Marginal World*），就很好地说明了上述观点，其部分文字描写如下。

---

① 1 英尺= 0.3048 米。

当我目睹海岸上的喇叭壳时，不由地感慨万千，一个多世纪前奥杜邦（Audubon）在这片海滩上所能看到的场景，我多么希望自己也能看到！那时候，有很多火烈鸟在这片海滩上繁衍生息，而这些喇叭壳正是它们的食物。每当我半闭上双眼，还是仿佛能看见穿着火红色华丽外衣的鸟群在这片小海湾中进食的场景，宛如一片粉红色海洋。

卡逊站在海滩上那一刻，将自己的所见与她所知道的奥杜邦时期能够看到的场景进行了对比，于是形成了她的个人经历，由此诞生了这篇随笔，并令这部作品更具有警醒意义。

二、比喻的研究

科学家和写作者都知道比喻是非常有效的写作手法，或许还没有什么方法可以超越它呢！以下这段文字摘自病理学家刘易斯·托马斯（Lewis Thomas）1973 年的经典之作《细胞生命的礼赞》（*The Lives of a Cell*），让我们一起考察其中比喻的运用：

线粒体是稳定且有责任心的寄宿者，我选择相信它们。但其他那些小生物呢？它们以类似的方式寄居在我的细胞里，把我打理得井井有条、平衡有度，使我成为一个整体。我的那些中心粒、基体，或许还有许多其他更为默默无闻的微小生灵栖息在我的细胞中，工作着，它们都有自己特殊的基因组，就像蚁丘身体中的蚜虫一样，既是外来体，又必不可少。我的细胞不再是我与生俱来的那种纯系实体，而是比牙买加湾还复杂的生态系统。

对于托马斯来说，线粒体是有责任心的寄宿者；其他细胞器是“小生物”“小生灵”“蚁丘身体中的蚜虫”；细胞是一个生态系统，而且是“比牙买加湾还复杂的生态系统”。可见，运用明喻和暗喻这样的描述性语言能够帮助读者理解眼前的话题，在读者和文本之间建立起感知联系。此外，比喻还可以营造一种情绪：大卫·福斯特·华莱士（David Foster Wallace）在一次前往伊利诺伊州博览会的旅途中，说到自己感觉拉车的马脸难看得像一口棺材，马头上套的饲料袋就像是防毒面具。用上这样的形象比喻，读者自然就会理解这一路的舟车劳顿了。

比喻手法还有一层更深刻的作用。身为作家兼教师的卡罗尔·布莱（Carol Bly）通过观察发现，当人们自己写出或者阅读到别人写的比喻时：“我们通常会有意放任自己的思维去尽情地联想。比喻建立起一种联系，它优于单调的叙述语言，即便叙述文字中用上了再优美、精妙的形容词也于事无补，比喻更容易引起人们深层次的情感共鸣。”事实上，人们对大脑的研究表明，运用比喻要比通过字面意思直接表述更能强烈地触动人的情感。比喻有助于唤醒人们的情绪与心智，而写作和阅读的乐趣莫不蕴藏在其中。

然而，要写出精妙的比喻需要开展调研工作，并且作家的知识储备起码要足够坚实与广泛。刘易斯·托马斯之所以能写出上面那样的精彩语句，不仅在于他熟悉植物的细胞结构，还在于他知晓蚜虫的习性和牙买加湾的生态情况。1982 年，安妮·迪拉德（Annie Dillard）写的随笔《日全食》（*Total Eclipse*）中就大量引用了天文学和植物学知识，她在文中这样写道：

透过天文望远镜观察，位于（北天空）金牛座中的蟹状星云犹如一撮烟圈。这是仍处于爆炸过程中的星象，爆炸产生的光于公元 1054 年首次抵达地球，后来因其白昼里依然闪耀如明，遂变成超新星。这个星系虽然现在没有那么亮了，但仍处于爆炸状态，以平均每天 7000 万英里[①]的速度膨胀。在天文望远镜中观测如此快速的膨胀景象颇为有趣，因为用肉眼看它仍是纹丝不动的，大小也没有变化，15 年前人们给蟹状星云拍的照片还跟昨天拍的一模一样。这个道理同样适用于对地衣（苔藓）的观测。时隔 15 年，植物学家先后两次对一些普通的地衣进行测量，发现它们竟然没有任何生长的迹象。但地衣的细胞还在继续分裂，因此科学家得出结论，地衣不但活着，而且一直在生长。

那圈星云就像地衣一样，一动不动地挂在天上，就像 4200 光年外完美的静止的爆炸一样：有趣、壮观、纹丝不动，仿佛与世无争。

① 1 英里=1609.344 米。

与其他随笔作者一样，迪拉德也不会例行公事地把文献出处标出来，但通过文章，在对日全食华丽的、读来令人轻松的双重隐喻描述背后，她不知做了多少次交谈和电话采访，参阅了多少部百科全书和田野工作指南。

对比喻的研究意味着你在研究现场一旦有所感悟就要及时记录下来，或者你要尝试向亲朋好友征求意见，验证某个比喻说法是否恰当，还可以在采访过程中建议被采访人做一些比喻（有些物理科学家尤其擅长比喻，并且乐于赐教）。有时候，比喻可以是顺着一些毫无新意的事实进行追问，比如“蟹状星云膨胀的速度到底有多快”之类的；但有时候也可以不走寻常路，比如用 7 岁孩童的眼光看这个充满了奇观、没有明确分类界限且充满了种种内在联系的世界。

三、洞察力和意义的研究

调查研究通常会使随笔文章增色不少，令之更加活泼和生动，但其实调查研究还有另外一个根本性的目的。在第三章中，我讲述了随笔作家，即故事的主人公如何在故事原型中融入研究发现，令故事焕发新的生机。实际上，写作者处理研究材料的过程常常就构成了整个随笔文章的内部历程。在《边缘世界》一文中，蕾切尔·卡逊对海岸上的深刻洞察得益于她对奥杜邦当年观察的了解。在《46 街的超级鸽子》一文中，大卫·奎曼从根本上改变了对城市鸽子的看法，是因为他查阅了当前的研究资料，并且拜访了一位养鸽人。

基于个人的随笔创作经验以及同其他随笔作家的一些交流，我深刻地认识到，洞察力来之不易。正如我在第三章提到的，在动手研究之前，洞察力能够帮助你理顺写作诱因和故事原型，并有助于你将文章结构的需求牢记在心，在采访和阅读过程中审视自己的内部历程和外部历程。不过，就算是篇幅再短的一篇随笔文章，也有可能让你沉浸到多领域、多头绪和多现场的研究中，并且难免有走进死胡同的时候。

2015年，某环保智库发表了一篇宣言，《纽约客》“元素”（*Element*）博客的编辑约我就此写一篇评论文章。虽然这篇宣言的内容谈不上新奇，也不存在什么争议，但还是在环保人士中引起了强烈反响。后来，我进行了多次电话采访，用了几天时间阅读相关材料并冥思苦想后，终于意识到问题出在了哪里：这篇宣言的内容倒是没什么，只是它的表达方式和语气令人反感。我在网上找到了宾夕法尼亚州立大学一位专门研究宣言的文学教授，看了她对宣言的解读后才恍然大悟，至此，我的内部历程告一段落。这位教授认为，通常，宣言不是来讨论问题的，而是要终止问题的讨论。这个环保智库借助宣言方式表达了自己的观点，并巧妙地绕开了数十年来不断发酵的种种争议。

因此，如果你希望自己的调研工作尽可能地有意义，就需要有耐心，保持好奇心。即便你不慎走入了死胡同，也不要放弃已有的发现，因为这些发现可能会引导你继续发现新的问题，写出新的随笔作品。

四、研究的整理

如果你是一名科学家或者经验丰富的科学写作作家，就可能有自己的一套方法将笔记和研究材料整理得井井有条，而你所整理的大部分研究内容是很容易用到随笔写作中的。在研究过程中，至关重要的是要保存好既往工作的记录，记住下一步工作的目标。

在写作篇幅较长且相对复杂的随笔文章和深度报道时，我会使用一个叫 DEVONthink 的数据库程序来自动整理期刊文章、网页截图以及其他文件；对于相对简单的写作任务，我通常会把笔记和引文放在一个独立、可检索的文档内。如果写作篇幅短且截稿日期临近的随笔，我一般会一边在电脑上阅读材料一边进行速记，用提纲草稿来整理材料。虽然这种整理方法不免有些粗糙，但的确很奏效：它会让我对已经掌握的内容有个整体认知，免得来回绕圈子。

五、关于伦理道德

相较于传统的新闻故事，随笔允许作者在语言表达上有更多的主观发挥，与此同时，由于随笔创作具有鲜明的个人风格，难免夹杂进作者自己和身边人的故事。这样一个使用创造性语言、讲述私人故事的机会，会让作者更加享受随笔写作和研究过程。然而，这意味着有可能会引发一些伦理道德问题。接下来介绍一些我在写作和教学中处理常见的伦理道德问题时所遵循的基本指导原则。

（1）切莫捏造事实。新闻报道捏造事实无异于玩火自焚，这是不言而喻的。但是，一些自传作者和非虚构小说作者坚定地认为，可以在随笔文章中虚构情节和人物对话，作为事实的一部分，他们觉得只要那些场景和对话反映了特定体验中的“真情实感”就没有问题。作为一个随笔作家和记者，我对此是持强烈反对态度的：我始终认为随笔作家要对写作主题、作家本人和历史记录负责任，要呈现准确的内容。

也就是说，如果声称一篇随笔是真实的，那它就不能有一点虚假成分。所以，要把对事实真实性的鉴定作为研究工作的必要步骤，甚至个人记忆的内容也要尽可能地去检验（后文将会详细论及）。当然，随笔也可以允许一定的不确定性，如果你的记忆模糊了，或者你对过去发生的事情还在思索过程中，或者对未来要发生的事情还在推测过程中，不如就直接这样去表达：“我记得是这样的……”“那天晚上发生的事情我已经记不起来了，但据我想象……”

（2）对待消息人士要合理合德。记者一般都很避讳选择亲朋好友作为消息人士，但是随笔作者会经常在作品中引入朋友和家人。我认为，随笔作者对待写入文中的亲朋好友的方式与记者对待他们的消息人士一样，都要秉持基本的道德规范：要确保他们知情，知道文章中写到了自己；要给他们以自己的视角来讲述事件的机会；要经其准许，才可记下或者录下你们之间的对话，确保文章定稿中涉及他们的内容是真实可靠的。其实，这个过程很简单，就好比是你对一个朋友说：“对了，我正琢磨写篇关于我们在树林里迷路的故事，你还记得都发生了什么吗？”这个过程就是在运用期刊、照片，以及与外部消息人士的采访来检验事实或者还原相互冲突的回忆片段。同时，还要识别出文中不可靠的记忆成分，可以这样表达：“她记得我说过……但是我记得是……”

有时候你和亲戚或朋友约一个采访，倾听他们讲的故事版本，这个对话过程可能会更复杂甚至令人煎熬。虽然写作者要为出现在文章中的人考虑可能产生的后果，但是要牢记，准确和公正报道才是你的责任和义务，而不是去讨好哪个人。写作科学随笔时，你没有义务去讨好亲朋好友，换句话说，他们也没有义务必须喜欢你的作品。

请注意：如果你曾经遭受过某个家庭成员的虐待或其他犯罪伤害，而你正在写关于犯罪的文章，那么你在文章发表前同他们谈及此事是不明智的，也是不可能的。假如你正好面临这一类问题，那么就要特别注意下面讲到的第三个原则。

（3）用道德规范约束自己。在本章开头我曾提到，愿意免费或略取薄酬就披露个人经历的写作者多如牛毛，供大于求，而恰恰又有数不清的读者对他人的私事感兴趣，并且这些私事越离奇，关注的人就越多。斯拉特公司的劳拉·本纳特（Laura Bennett）认为，为了迎合读者的口味，数字出版物中出现了“第一人称行业体系”，鼓动很多想出人头地的年轻作者去写作那些离奇故事。尤其是对科学作家来说，这个诱惑同样存在，他们尤其是想写有关心理和生理疾病、性虐待或吸毒之类的私人事件。这样的文章对有类似经历的读者来说存在一定的负面效应，因此在发表时要斟酌你的动机是什么，要考虑好后果。

不要为了急于发表文章而把自己的全部家底都抖出来写，除非你遇到了一个值得信赖的编辑和出版物，确保文章发表后如遇争端，他们能够始终和你站在同一条战线上。在出版之前，要再三确认你的作品是有法可依的，不仅要咨询了解出版行业的律师，最好还要咨询涉足传媒行业的律师，特别是如果合同中含有赔偿性条款时更应如此。此外，还要考虑好文章一旦发表后对你和你的家人、朋友在短期内产生的影响和长期影响，要未雨绸缪，准备好能帮助你对抗曝光压力的一切资源。总之，千言万语化成一句话：不到万事俱备，不要考虑出版。

第五章　科学随笔的写作

写作过程中最艰苦的不是写作本身，而是思考。如果每写完一句话后，你都能停下来问自己这样一个问题：读者接下来还需要知道哪些内容？那么，可能写作过程中遇到的大多数问题都会迎刃而解了。

——威廉·津瑟（William Zinsser），《写作法宝》（*On Writing Well*）

现在我们终于谈到了这本书的正题：写作！

对作家而言，创作过程中总会伴随困难和抱怨，但这些都有解决的窍门，那就是：时刻告诉自己我热爱这份职业。我也会像其他作家一样抱怨写作的种种不易，而且，我知道真正起笔写作是一件很难的事情，尤其是手边还有更简单、更明确的事情可以做的时候，比如那些没清洗的杯盘碗碟，那些等待回复的邮件，所有这些都让人沉不下心来，想要去做完。可是，一旦我坐到电脑前，指尖在键盘上飞舞起来，就会十分投入，我非常享受这个与读者交流思想的充满挑战的过程。

前面几章中论及的谋篇布局和研究工作，对我来说，是可以让写作过程变得更容易、更有趣的。因为经过了深思熟虑，所以写作过程中的挫败感减少了，我就可以自由地发挥，去揣摩文字，去酝酿想法。

有很多书都对写作提出了很好的建议（可以参阅本书后的“延伸阅读”部分）。本章中，我将与大家分享一些我发现的对科学随笔特别有帮助的写作策略。

一、定位写作风格

我刚开始学习写作那阵子，想不明白其他作家所说的“找到风格定位”是什么意思。我想，文章终归是要用笔写出来的，又不是用嘴说；要是用嘴说我更不知道该怎么办才好。直到有一次我与自传作家克里斯·奥法特（Chris Offutt）一起参加一个工作坊的活动，听到克里斯·奥法特用他那慢吞吞的带有肯塔基州口音的语调讲道，“风格是作家的个性在书面上的表现”。（坐在前排的一个学生举手说：“您说‘风格是……’，刚刚我走神了。您能重复一下后面是怎么说的吗？”）

个人风格是随笔的必备要素，我的写作和编辑经验告诉我，个人风格是一个作家最宝贵的财富。在某些情况下，作家的个人风格无疑比一个刺激的主题或戏剧化的问题更能抓住读者的心。对于一篇科学写作作品来说，即便其他方面一无是处，作家的个人风格也不会被淹没，它一定会凸显出来，让读者从纷繁复杂的信息中理出头绪。

请体会以下两个例文中的个人风格：

> 从多个不同层面来看，我认为讲好一个故事应该这样表达：“我们同属人类，都处于一种被称为生活的令人抓狂的境遇，但其实我们并不真正理解生活。我们能不能一起坐下来，好好地协商一下这个问题，而不是说一些废话？”

写作中运用比喻手法的目的是向感兴趣的局外人展示一些新发现，不能用一堆数学公式去表达。我这样就是想让读者知道，我也是个局外人，我与他们是同一个阵营的，都是第一次接触这个新想法，正在尝试找到一个认知的立足点。

第一段文字是短篇小说作家乔治·桑德斯（George Saunders）写的，第二段文字则出自科学作家乔治·约翰逊（George Johnson）之手。这两个人对个人风格在写作中所发挥的作用持有相似观点，但他们各自的风格又很不同；他们使用的词汇不同，语言节奏不同，情绪也不一样，从而造就出有差异的个人风格。虽然对特定受众来说，一种风格可能比另一种风格更有吸引力，但两种风格各具特色，而正是这种独特性抓住了读者的注意力，传达了文章的思想，让读者不忍辍读。

那么，作家如何掌握这项“法力无边”的写作方法呢？科学记者初学随笔写作时，经常要迫使自己忘掉原来通用的新闻风格；而科学家则必须要让自己忘记原来通用的学术风格。

目前，尚没有简单易行且屡试不爽的方法来发现某个人的个人写作风格，尽管如此，我还是摸索出一个非常有用的办法，即把我的听众想象成一个个体，这个人不熟悉我要讨论的主题，但是他很聪明又很有好奇心，可能还有最重要的一点：他和我是平等的（这种做法对科学家来说尤其有用，因为他们已经习惯面对同行专家这样的听众了，所以有时不可避免地会以居高临下的姿态与大众对话，这不是很合适）。

不妨设想这样一个场景：你和他人在一个忙碌但相对放松的地方聊天，比如咖啡馆或公共汽车上。那么，你会怎样与对方交流你的经验或想法呢？你期望自己所说的能为他所理解，因此要使用对你和他来说都不陌生的词汇。你会用比喻和类比把你们二人的世界打通。可能你会用一些个性化的表达方式，但也不会只谈论自己而不顾及对方。你还可能会用故事的形式讲出你想说的话，会体谅对方的时间，尊重对方的聪明才智。

上面说的这些对我们来说想必都不陌生。这些都是大家日常的对话习惯，我们要在遣词造句、语速快慢和表达态度方面做出成千上万个微妙的选择。当这种交谈面对面发生时，很多选择都是自动发生的；但体现在书面上，我们就会有更多的时间来反思自己，于是很容易变得僵化和不自然。“定位一种风格”就是要寻找一种在书面或者屏幕上能够让你回归到个人真实风格的方法，而这种风格是独一无二的。

在这个问题上，我们可以从本・雅戈达（Ben Yagoda）的著作《书页上的声音：创作风格与表达》（*The Sound on The Page：Style and Voice in Writing*）中得到不少启发。该书中记录了他对多位作家的采访，了解他们早期摸索个人写作风格的种种尝试。其中有不少人是从模仿他们崇拜的作家起步的，后来才逐渐形成自己的风格。雅戈达的许多受访者表示，这个过程不是做加法，而是在做减法：将伪装、过度和焦虑统统抛开，最终，每个作家都找到了属于自己的表达方式。

诗人比利・柯林斯（Billy Collins）告诉雅戈达：“什么时候你学会

了取舍，个人风格也就形成了。”他还说，当自己还是一个年轻的诗人时，曾模仿过很多偶像的“含蓄”风格，但是，只有当自己学会用简练的语言去表达时，才开始“听到自己的心声”。

言说至此，我要给奥法特的定义再加上一点：风格是作家选择的在书面上表现出来的个性特征。保罗·格雷厄姆曾这样写道：“真正的随笔是为自己而写的，作家要大胆地表达自己的所思所想，而不是悄无声息的。”“这好比你邀请别人来家里做客就一定要把房间打扫干净一样，那么，写一些别人会读到的东西也会督促自己更深入地思考问题。”作家发表的作品风格只是他复杂的人性中经过润饰的一面，你可以为不同主题、不同出版物选择表现出不同的一面。不过，随着时间的推移，大多数作家都会找到一种自己长期坚持的核心风格，并通过这种风格将自己和自己的想法展示给广大读者。

科学随笔的写作就是如此。要选择适合自己的写作工具，把读者想象成有好奇心、聪慧却又容易分心的人，然后，写作就会变得心应手了。现在，是时候来历练你的写作风格了。

二、起笔

在正式动笔之前就做好周全的考虑和计划，好处之一是可以让你少一些对着空白页面或屏幕发呆的惶恐。准备动笔时，我会把谋篇布局、研究等过程中所做的笔记复制到一个新文档中。这样，不仅会有大段文字跃然纸上，还有助于列出一个写作提纲，将我的内在历程和外在历程大体上分为三步行动（需要注意的是，这些“行动”的篇幅可能会有很大差别）。

接下来，如果还有采访或研究过程中积累下来的额外笔记，我会重读一遍，把最生动、最重要的材料复制、粘贴到写作提纲中。理想情况下，我会在工作文件中添加足够的材料，这样就可以在不参考笔记的情况下写出第一稿（写作过程中，有些人使用 Scrivener 或类似程序来整理笔记内容，以便随时获取）。

正如我在第一章中所描述的，科学随笔创作既要运用场景，也要依靠作者的个人风格来引导读者，带领他们体验文章中蕴含的内在历程和外在历程，因此，随笔创作需要展示与讲述双管齐下。作者经过一番调查研究后，哪部分该用展示，哪部分该用讲述，心中便会有数了：写哥伦比亚河鸬鹚那篇随笔时，我查阅了相关文献材料后，依照提纲组织调查结果，意识到要用手头的材料展示两个简短画面。在随笔开篇那段，我用上了第一个场景，也就是哥伦比亚河口正在上演的捕杀鸬鹚的大戏。然后，我又用第二个场景，即美国中西部人士对鸬鹚的“践踏”来戏剧化地表现长久以来人类内心深处对鸬鹚的无法释怀的厌恶。除上述两个场景外，在文章其他部分写作中我都尽可能地去表现个人风格。

提纲是写作的好帮手，从何处起笔，如何继续写下去，都需要借助提纲来决定。文章起笔未必一定要从开头写起，相反，许多作家会从中间的场景开始写，或者先将要在文末表达的观点充实起来。当我写作不顺利时，也会绕开文章开头去起笔，但实际上我还是更喜欢从头到尾按部就班地去写：我觉得如果强迫自己按照一定顺序写文章，思路就会更加清晰和连贯。按顺序写作，效率也会更高。因为一篇随笔的众多方面都是以一段历程或一个想法开始的，这些切入点可以让你在修改和编辑阶段节省很多时间。

我在第三章中曾提到，随笔写作通常起始于作家与故事原型的交叉点或其周边，而这个故事原型在作者的内部历程或外部历程中是作为一个“对手”存在的。尽管有很多随笔都会在开篇处暗示这个交叉点，但其实还有更多的方法可以做到这一点。以下是一些例子。

> 从全世界来看，吃早餐喝橙汁的习惯并非很普遍，很多人都会认为这是一个显而易见的美国人的习惯。
>
> ——约翰·迈克菲（John McPhee），《橙子》（*Oranges*）
>
> 有的数学家和理论物理学家可能会存在一系列介于极度古怪和真正精神失常之间的行为。
>
> ——杰里米·伯恩斯坦（Jeremy Bernstein），《纳什》（*Nash*），发表于《纯我世界》（*The Merely Personal*）
>
> 头部扁平，没有眼睑，褐色的身体满是泥污，苏里南蟾蜍像会动的泥巴一样滑过池塘，简直就是两栖魔怪。
>
> ——金·托德（Kim Todd），《好奇心》（*Curious*）
>
> 我对行星的痴迷开始于三年级，当时我八岁，那时候我才知道

地球在太空中还有兄弟姐妹，就像我在高中和大学里有好朋友一样。

——达娃·索贝尔（Dava Sobel），《模型世界》（*Model Worlds*），发表于《行星》（*The Planets*）

我的父亲是一名医生，在我很小的时候，第一次从他那里听到有关免疫的故事。

——尤拉·比斯，《免疫》

我在医学院学到了很多东西，但不包括死亡。

——阿图尔·贾万德（Atul Gawande），《生命没有机会冒险》（*No Risky Chances*）

现在是五月天，我刚刚小憩醒来，刚才就蜷在山艾树灌木蒿丛下睡的，这招是从狗狗那里学来的，那里可以避风。

——格雷泰尔·厄里齐（Gretel Ehrlich），《开阔地给人以慰藉》（*The Solace of Open Spaces*）

……

以上都是随笔文章的开篇语，有的直接就引出问题或争论焦点（橙子在全世界中的不同消费方式、关于数学家的心理健康，以及死亡在医学院课程中的地位）；有的则把作者置于某个时间点上（“在我很小的时候”“五月”……）或场所中（“蜷在山艾树灌木蒿丛下”……）；有的同时实现了上述功能。

通过这些语句，读者也可以对作者有更多的了解：他是怀旧的、顽皮的、严肃的、善于分析的，还是上述特质兼而有之？他是一个沉默寡言的人还是一个健谈的人？他喜欢在户外睡觉吗？……作者很可能在后文中透露更多有关自己的信息，但开头几句常常给读者一种称职的向导的感觉。

科学家在尝试为公众写作随笔文章时，往往会模仿学术论文的结构，在“导语”部分写的都是背景信息；相反，新闻记者则习惯在文章开头就给出自己的结论。但是要记住，阅读的过程就像是乘火车，读者像是自由的乘客，有权利选择在哪里下车。所以，在离开车站出发之前，不要给他们灌输背景信息，也不要一开始就把目的地的所有信息都透露给他们；相反，要让读者对前方的旅程充满期待，邀请他们一同前往，这样他们才会动力十足。

写新闻和杂志文章的作者一定听说过“nut graf”这个词，指的是新闻文体中的一个段落，通常出现在一篇随笔或深度报道第一部分的末尾处，为后面的写作埋下伏笔。Nut graf 能交代的信息实在太多了，而且写法上可以高度地公式化，只要找到以“这是一个关于……的故事”或者“走遍全国各地……”开头的段落就是它了。如果写法得当，这些语句对接下来要讲的内容只给一个简单暗示，就能调动读者的阅读兴趣，吸引他们读下去，搭乘着这辆“列车”继续前行。

如果你已经完成了本书第三章建议的深度思考和写作计划制订，应该能够很轻松地写出一段 nut graf，这是一种很好的习作实践。如果在写作随笔文章前还不能将文章的大方向提炼成几个简单的句子，可能是因为思考还不够充分。当然，也不是说我们必须要遵循惯例在随笔中写一个 nut graf，而且它也不是必须要出现在某个特定的位置上。套用记者杰奎・巴纳辛斯基的话说，读者需要知道自己会穿上什么样的靴子。换句话说，他们需要为接下来的“旅程”做一些心理建设，而他们如何准备、在哪里准备……都取决于作者。

三、直面第二个问题行动

有这么一个笑话：要记住，待你到了鳄鱼嘴边才想起来排干沼泽里的水逃命，那就晚了。这就是写科学随笔要面临的第二个问题行动［大卫・马梅特（David Mamet），《刀的三种用法》（*Three Uses of the Knife*）］。

文章的中间部分很难写。开篇时，你可以向读者介绍自己和你的历程，可以元气满满地向目的地进发。现在，你必须坚持下去。剧作家大卫・马梅特这样写道：“写到中间时，发现之前立下的远大且崇高的目标似乎已经变成了司空见惯的、机械的、没有任何新意的苦差事。”

我发现，中间部分恰好是随笔这种文章样式大显身手的地方。传统的新闻或深度报道的中间部分常常会让人觉得就像是在背诵课文，索然无味。作者似乎也唉声叹气地说：“全都是一些没什么意思的内容，放在开头不合适，放在结尾也不好看。”不过，当一个作家写作科学随笔时，他已经就比读者先行了几步，用个人风格来清除眼前的问题。无论你事先多么精心地设计了内部历程和外部历程，做了多么深入的主题研究，在写作过程中一定还会有新发现，这就能保证你写完中间部分，也会让读者看完这部分——被诅咒的鳄鱼。

在写作过程中，如果你觉得失去了动力，不妨检查一下文中运用展示和讲述这两种方法之间是否做到了平衡：一个场景对作家和读者恢复元气都会大有帮助。有篇随笔叫《伽伐尼》（*Galvani*），写的是关于 18 世纪科学家路易吉·伽伐尼（Luigi Galvani）的故事。在这篇文章的中间部分，乔治·约翰逊停下来，转而描述一个早期的青蛙实验：

> 当云层向南聚集时，他把无头的标本放在一张桌子上，并把它和一根一端系在头顶上的晾衣绳连接起来。然后，他在等待着一场雷电交加的暴风雨。他观察到，只要一有闪电，标本的腿就会抽动，仿佛是对雷声的预报。

这个触目惊心的小场景［伽伐尼的原始报告以爱德华·戈里（Edward Gorey）式的笔法记载了这一场景］通过电化学理论为科学家随后的内部历程提供了一个外部框架——读者像伽伐尼笔下那只不幸被雷电击到了的青蛙一样，无不为之震撼。

文章的中间部分十分有用，它能检验作者对细节、隐喻和个人风格的运用水平。现在，看看自己有没有把一切可用的工具都用起来？是否用得像起笔时那样活力满满？如果没有，不妨稍事休息，给自己充个电吧！

四、收尾

结尾可能不是科学随笔最好写的部分，但它往往是最令人兴奋的。

随着内部历程和外部历程双双结束，作者把眼光放长远，从双重历程中提炼出对作者和读者都具有启发意义的新观点。

这时候，你可以进一步提炼初期研究形成的观点，并进一步强化，特别是在写作过程中有新材料出现的情况下。随着写作逐步推进，作者原有的想法可能会被推翻，形成全新的观点。到最后，你写出来的新故事可能与当初设想的并不是一回事。

这种情况我遇到的太多了：写作过程中，当我开始评估奥尔多·利奥波德（Aldo Leopold）的现代意义时，意识到要把他一生中不同观点的演变纳入进来。还有，当我抱怨哥伦比亚大峡谷的风没有专门名字时，我从一份文学参考文献中得知一种无名的风——“沙漠中的神秘之风”的提法。凡此种种，都赋予我的内部历程和随笔创作一个充满想象的全新结局。

尽管作家都倾向于高度重视文章的开头，但请记住，结尾也很重要，甚至可能比开头还更重要：结尾是你写给读者最后的话，也是他们最有可能印在脑海中的。对读者来说，文章结尾就好比一件纪念品，承载了你和读者一起经历的外部历程和内部历程的记忆。

有时候，随笔作家会在文末揭示（或重申）从历程中得到的某个真知灼见：

> 最喜怒无常的实验室设备将永远是人类的大脑。
>
> ——乔治·约翰逊，《米利肯》(*Millikan*)，发表于《十大最美实验》(*The Ten Most Beautiful Experiments*)

> 这种生命观有一种强大的气势，它有几种力量，最初是造物主或以几种或以合众为一的形式赋予的；而且，当这个行星按照固定的万有引力定律运行时，从如此简单的开始，以无尽的形式，最美丽和最奇妙的物种已经并且还正在进化。
>
> ——查尔斯·达尔文，《物种起源》(*On the Origin of Species*)

他们也许会描写一个令人难忘的、细微的场景，含蓄地提到科学随笔文章的观点：

> 第二个 A_{24} 下有一只死老鼠，第三和第四个 A_{24} 下什么都没有。第五个 A_{24} 下面是两只船鼠，一只刚被捕杀，另一只皮毛已经黯淡无华，拖着长长的尾巴。
>
> ——伊丽莎白·科尔伯特（Elizabeth Kolbert），《致命一击》(*The Big Kill*)

> 这只鸟停了下来，悬在你头顶上方 30 英寸[①]处，保持静止的姿势，就像一个系在短线上的风筝，它似乎还不确定下面这个人是不是一堆死肉。因为你就坐在那里一动不动，鸟儿有这种困惑是可以理解的。
>
> ——戴维斯·奎曼，《图拉罗萨盆地的阴阳》(*Yin and Yang in the Tularosa Basin*)，发表于《自然行为》(*Natural Acts*)

① 1 英寸=2.54 厘米。

有些文章也会通过某个场景描写直接阐明观点：

依我看，如果野鸟能在现代欧洲生存下来，它们就会像那些古老的小方济会建筑一样，得到空旷而雄伟的教堂建筑的庇护：这个例外还是蛮可爱的。

——乔纳森·弗兰岑（Jonathan Franzen），《清空天空》（*Emptying the Skies*）

费加罗拉告诉我他热爱自己的工作，因为他和他的同事被照顾得无微不至——他们彼此间经常因某些事产生共鸣。马修斯工作时，一个小指套落在我和费加罗拉之间的桌子上。“我在乌托邦世界工作。”他告诉我，然后用一张纸巾把碎片包起扔掉。

——丽贝卡·索尼尔（Rebecca Solnit），《隔离疾病：麻风病教会我们同理心》（*The Separating Sickness：How Leprosy Teaches Empathy*）

几个星期之前，在远离城市灯火的乡下，我看到整个夜空“点缀着星星”［用弥尔顿（Milton）的话来说］。我不禁浮想联翩，这样的天空只能在智利的阿塔卡马那样干燥的高原上才能看到（世界上几架功能最强大的望远镜都架设在那里）。天空中的壮丽景象让我突然意识到，我这一生所剩的时间是多么少啊！对我来说，天堂之美、永恒之感与一种转瞬即逝的死亡的感觉密不可分地掺杂在一起。

——奥利弗·萨克斯（Oliver Sacks），《我的周期表》（*My Periodic Table*）

也有的科学随笔遵循经典的深度报道的写法，在结尾处阐述或重新思考文章开头的某个场景，形成首尾呼应。这种写法通常会带来一点额外的好处，即在故事原型与新故事之间形成对比。当代随笔作品常常简短收尾——就像上面提到的是一个很短的场景，某种意义上它可以帮助读者回忆起整篇文章，同时也相对独立。报道式的科学随笔通常被划入专题故事之列，因此可以引用让人记忆深刻的语句作为结尾。

科学随笔的结尾可能非常难写，因为一个科学故事的结束意味着下一个科学故事的开始。毋庸置疑，科学随笔和科学故事一样都没有办法下结论。但是，正如上面所举的诸多例子，作者可以向读者表达一种决心，而不必佯装给出最终答案：在科学探索之路上，我们可以暂停一下，但别忘了还要指引人们继续向前。

五、形成初稿

本章中，我没有涉及太多具体的写作规则。一部分原因是，正如我之前提到的，你可以在其他地方找到很多非常实用的基础写作建议；另一部分原因是，科学随笔这类文章形式的写作规则本身就很少。这种灵活性可能会让人望而生畏，但是要抓住机会去尝试：要广泛阅读各种样式的优秀随笔文章，比如本书后面“延伸阅读”部分提到的参考书目，让自己对各种可能性都有感觉，特别是在初稿的写作中要大胆尝试。在修改文章的过程中，还有足够的时间来纠正错误，并且你还可能会发现一些更奇妙的东西。

第六章　科学随笔的修改润色

编辑作品的诀窍其实很简单：你要成为读者，忘掉自己的作者身份。

——扎迪·史密斯（Zadie Smith），《那五彩缤纷的感觉》（*That Crafty Feeling*），发表于《改变我的想法：随笔偶记》（*Changing My Mind：Occasional Essays*）

可以说，写作的过程是孤独的，但编辑过程就不一样了。编辑的存在对读者和作者来说都是幸运的：编辑可以用读者的眼光进一步审视作品，这个过程有助于加强作者与读者之间的联系（同理，正是因为有几个目光敏锐的编辑，你才不用读本书粗糙的第一稿）。对作品了解得越深刻，你对成品就会越满意。

本章我将讨论如何编辑自己的作品草稿，如何与编辑、事实核查员协作，从而使文章思路更清晰，可读性更强，准确性更高。其中，我要重点讨论一些最适用于科学随笔的编辑和修改策略。有关于此的其他一般建议，请参阅本书后面的“延伸阅读”部分。

一、保持一定距离

正如扎迪·史密斯所言，想成为自己作品的读者，就要忘掉自己的作者身份，要做到这一点，最佳方式就是与作品保持一定距离。理想的情况是，先将初稿放置几天甚至数周，然后尽可能以读者的视角来阅读它。哪怕是截稿日期临近，也要尽量预留出一段时间来脱离初稿，哪怕只有短短的一个小时。如果说你只能稍事休息片刻，那就用这片刻的时间来放松一下大脑，你可以跑步、陪孩子做游戏、做饭、看电影等。说真的，这样做确实有用。

不管你能否抽出充裕的时间来审视自己的作品初稿都没有关系，我们还可以通过其他方式与作品初稿保持距离。可以将初稿打印出来，或者大声朗读出来，这些都有助于你对自己的作品有一个判断。如果连你自己都觉得文章中的某个词句不通顺，那读者也很可能会有同感。换个环境也有助于你与作品保持距离。我通常会这样做：需要重新审视作品初稿时，我会带着笔记本电脑或一沓纸质稿去咖啡店，看看不一样的风景，头脑就会更清醒，而且边看稿子边喝咖啡，可以避免摄入咖啡过量。

二、从森林到树木

我坚信，无论是写作还是编辑，都有一个从宏观到微观的过程。在篇章结构问题解决之前，完全没必要为该用某个措辞而绞尽脑汁。虽然第一次读初稿时总忍不住要“抠”具体的字眼，毕竟这些小任务更容易上手，但还是要尽量克制住这种冲动。

首次阅读文章初稿时，要从文章的结构上找不足。你所有的历程

（无论是内部的还是外部的）、起因、经过和结尾都写全了吗？（有些部分可能是隐性的，这不是问题）。即使事先精心设计过文章大纲，也有可能会漏掉其中一段历程的结局或起因。我倾向于写双结尾，这让我听起来像是一个在派对门口徘徊的客人。

时间的混乱是导致文章出现结构性问题的另一根源。正如我在第三章中提到的，除非你有充分的理由在不同时间节点上来回切换，否则，请善待你的读者，按照线性年表来写作。我最喜欢的一位编辑曾经委婉地告诉我："你作品中故事的时间结构可能有点儿过于复杂，因为从 40 年前开始一直写到现在，可又突然倒回到 1857 年。"哎呀，我还真没注意到这点。写文章时，把时间顺序搞得那么复杂确实没有必要，这一点其实很容易就能修改好。

首次阅读初稿，还需要检查结论的可靠性。如果你的科学随笔提出了明确的论点，那么论证过程是否合乎逻辑？论据是否支撑有力？你预想过反方观点吗？是否有过充分考虑并在文中做出了必要的回应？

如果发现初稿中仍存在很多问题，请回到电脑旁去修改吧！有条件的话，返工之前先休息一下再动手。

下一步，就要找找文章中有哪些无聊的、令人困惑的内容了。如果文中某个段落连你自己都没有耐心细读下去，那么读者的感觉也好不到哪里去。如果哪个地方连你都要反复读才能懂，那么读者的体验也是可想而知的。把这些问题都标记出来，然后问自己以下几个问题。

（1）有些内容可以删除吗？对此，小说家埃尔莫尔·伦纳德

（Elmore Leonard）曾给过这样的建议："要试着舍弃那些读者容易跳读的部分。"写文章的人都容易犯一个毛病：总是看不出什么内容重要，什么内容不重要，这也是我们需要编辑的众多原因之一。不过，也可能你已经与自己的作品保持了足够的距离，明白了在不影响文章准确性或完整性的前提下，可以将哪些枯燥含混的段落删掉。

（2）有些内容可以简化吗？是不是文中的每个句子都是不可替代的？有没有绕圈子说重复的话？文中的描述是否夸大事实了？小说家厄休拉·勒古恩（Ursula Le Guin）写道："需要判断出哪些内容重要，哪些内容该说，然后进行删减和重新组合，直至保留下来的内容全是重要的。"如果你是一名科学家，写的是自己的科学研究工作，请记住，可以在保证准确性的前提下牺牲一些精确度。这样一来，会让枯燥的内容读起来更加明快，含混的内容更加清晰。那么，请鼓起勇气，把科学随笔写得简练一些吧！

（3）有些无聊的内容可以通过调整个人风格来弥补吗？尽管我从事科学随笔写作已经很多年了，但遇上我才思枯竭的时候，通常在初稿中间部分仍会带有新闻风格。同样的情况，研究人员写科学随笔时往往也会回到使用被动语态或专业词汇上。当你发现这些语态的纰漏时，回想一下我在前一章描述的那个虚构的读者。你会如何向他传达这些无聊但又很有必要的信息？最好是放弃新闻风格和专业技术风格，像普通人那样去表达。

真正行动起来的时候，也要找机会适当幽默一下：一个揶揄式的评论立马能让失去热情的读者兴奋起来。大卫·奎曼在写作复杂或沉闷的背景信息时，经常会使用有趣的旁白。比如，他在《渡渡鸟之歌》（*The Song of the Dodo*）中有一处这样写道："喂，如果你正在跳读，赶紧停下来。"

（4）有些无聊的内容可以用情景化解吗？遇到有些枯燥但又很必要的内容，可以借助情景或轶事来表达，比如，第五章引用的乔治·约翰逊写的《伽伐尼》一文中写了一个有趣的青蛙实验。请记住，情景是可以并应该用在文章的任何地方的，不限于开头和结尾。

（5）有些语义含混的内容可以通过修改不通顺语句来解决吗？在珍妮·奥菲尔（Jenny Offill）的小说《猜测部门》（*Dept.of Speculation*）中，一位备受折磨的写作课老师被激怒了，他给所有学生的习作写了同样的批语："我们处于时间和空间的什么地方？我们处于时间和空间的什么地方？"我看后不禁大笑，既欣赏这评语，也对老师和作者表示同情。

因为作家很容易"看到"自己所描述的情景，所以就忽略了给读者一个"不顺畅的"格局安排的事实。也就是说，作者要把人物和事件置于时间和空间坐标内，就像剧作家用舞台说明来定位表演者一样。如果你不得不停下来重读某些段落，那就要检查它是否有相应的格局安排。因此，要弄清楚说话的人是谁，在哪里，时间顺序是否乱如一团麻。

把二次阅读中发现的问题都解决之后，就应该有一个相当漂亮的草稿了。此时，时间还富余的话，我会把草稿发给一位非正式的"编辑"，可能是朋友或同事，请他指出我是否错过了什么重大问题。如果没这个时间了，我会直接进行第三次阅读，到这一步，我终于可以抠一抠细节了。

三、阅读第三稿

阅读第三稿时，要关注句子及以下问题。

（1）过渡。从上一句话转换到下一句话时，有没有思维、用语上的不妥之处？约翰·霍普金斯大学科学写作研究生项目前主任安·芬伯纳（Ann Finkbeiner）建议采用她所谓的“AB/BC 规则”来完成句子间的顺畅过渡，即上一句话的结尾与下一句话的开头紧密相连，但又不露痕迹。下面以乔纳森·韦纳（Jonathan Weiner）在《纽约时报》（*New York Times*）上发表的一篇科学随笔为例进一步说明：

> 经过几年的细致测量，格兰特夫妇和他们的学生意识到，雀类体形的变化是实实在在看得见的。它们的喙和身体年复一年、一代又一代地进化着，有时不明显，有时很显著，以不断适应生存环境。

作者用“它们的喙和身体”这一短语指代并详细描述了“雀类的体形大小”，将两句话自然连接到一起，既没有重复用语，也没有用一个规范意义上的连词。

（2）代词指代。上面曾提到的“不顺畅的”格局安排问题，有时是由于代词指代不明或缺失而引起的（“它”这个代词是迄今的罪魁祸首）。要确保你使用的每个代词都对应着一个特定的名词。

（3）陈词滥调。要把它们剔除，做到语不惊人死不休！

（4）节奏。词和句的特定节奏是作家个人风格的一部分，大多数作家都会无意识地形成自己的节奏和风格。但是，在作家亲自编辑阶段，要大声朗读草稿，感受文章的节奏，这通常会给你新的启发：文中句子都是一个长度吗？单词是不是也一样长？你偏爱简短日耳曼单词还是较长的拉丁单词？（对一般读者来说，日耳曼单词应该是“主料”，拉丁语单词只是用来搭配的“辅料”）。如果文章缺乏节奏变化，千篇一律，容易让读者昏昏欲睡，这时就要改变一下句子长度和单词长度，让它们富于变化，让人听起来有所区别。

（5）动词。虽然被动语态的弊端有时被夸大了（看我做了什么，这里还在用被动语态），但尽量少用动词“to be”的所有形式仍不失为明智的做法。使用生动、主动形式的动词更可取，可以把久远的场景写活。

（6）强调。通常，一句话中最让人难忘的单词是最后一个，因此遣词造句要慎重选择。想想玛格丽特·米德（Margaret Mead）的观察，“父亲是生物学意义上的必然，但是社会学意义上的偶然”。要是米德把这句话的语序颠倒了呢？“父亲是社会学意义上的偶然，但是生物学意义上的必然”，两句话意思虽然一样，但后者就不那么具有强调意义了，而且更容易被忘掉。

（7）拼写和语法。当然，你可以用文字处理器检查拼写和语法，但不要忘记手动检查常见的易混淆词，比如 its/it’s，your/you’re，insure/ensure，loose/lose……这些都是小问题，但发现它们并将其改正过来，其实是减少了后续编辑的工作量。

修改单词和短语容易让人犯强迫症。这些内容修改完后，我会最后通读一遍作品，从整体上审视一下作品：我想说的话都表达出来了吗？如果这个目标达到了，也就是是时候把作品交给编辑进行下一步处理了。

四、与编辑合作

关于怎样与编辑合作的方方面面的一般性建议，有很多实用的书可以参考。即便你是一位经验丰富的作家，对编辑工作轻车熟路，但是，当编辑的审读意见出现在你的收件箱中时，可能还是会让你心头一紧。虽说作家写作总是会把一部分个人化的东西加入故事中，但科学随笔是显而易见地个性化的，并且有批判性。这时候请记住，你的编辑和你站在一条战线上，你们要共同努力，确保你的想法能够被读者认可。此外还要记住，随着时间的推移和初稿的写作，你已经有了冷静的“天花板视角”。

理想情况下，你会和编辑一起经历两轮重要的编辑过程：结构性编辑和特定性编辑。编辑过程通常很烦琐，毕竟这是人与人之间的交流。但总的来说，应该从面上到点上一步步修改，正如你在读自己作品草稿时所做的工作一样。

你的指定编辑认可了该作品，可能会把文章发送给其他编辑进行审查，也有可能直接交给版面编辑进行语法和风格检查。与此同时，事实核查程序也会启动。

五、最后的事实核查

文章初稿提交给指定编辑后还会有一个事实核查环节，但是当你在完成所有增补、删减和重排等编辑工作后，还需要最后核查一遍。如果你正在写一篇个人随笔，不妨看看第四章论及的伦理道德考量。

为大型杂志撰稿可能会涉及与该杂志的员工或专栏的特约事实核查员一起工作。大多数情况下，他会要求你发送一份带有脚注的草稿，列出每个引用、事实和概括性说明的出处。如果核查人员对你的报告提出质疑，请不要恼火，因为所有好的报告几乎都要经历这个过程，大家都在朝同一个目标努力，就是要讲一个准确的故事。

无论是否要与事实核查员一起工作，我几乎都会创建一个带脚注的草稿版本。看到脚注，我就不得不有条不紊地重新确认一遍所有的事实。虽然说进行一轮彻底的事实核查是很令人头疼的，不管以什么形式开展，我都将其描述为“鸡蛋里挑骨头”，但这确实是能让人感到踏实的不可逾越的步骤。

第七章　科学随笔作品的出版：时下与未来

无论你要刊登的文章多么晦涩、神秘或深奥，一些贴心的法律会保证应该仔细认真审阅作品的人物的确做其事，尽其责。

——克里斯托弗·希钦斯（Christopher Hitchens），

《希钦斯-22：回忆录》（*Hitch-22：A Memoir*）

我们已经把科学随笔写作的历程走了一遍，很快就要达到终点，现在是时候去物色读者了。毕竟科学随笔承载的是作者的思想和观点，只有它们被意向中的读者所接纳，才算得上是成功的作品。

在本章，我将更多地围绕数字化时代的当前读者和潜在读者进行探讨。

一、无处不在的科学随笔

在现代媒体中，无论是传统媒体的页面还是脸书（Facebook）的推文，都可以找到科学随笔或随笔元素的影子。我这样说并不是在夸大事实。很多时候，随笔写作技巧都有用武之地。

（1）新闻特写和人物特写。许多新闻特写故事都可以算作长篇的、深度报道的科学随笔，并且新闻特写作者在讲述自身的历程及其报道对象的历程时，也经常表现出鲜明的个人风格。大多数人物特写也会带有作家的个人风格，而知名人物的特写通常还会力图颠覆主人公的故事原型或者深挖下去，从而写出一些新颖的东西。

（2）多媒体。在《故事对撞机》（*The Story Collider*）节目中，科学家和科学记者讲述的很多故事都是从个人视角看待问题的，并且从中拓展出更广泛的相关性。从某种意义上说，新旧两版的《宇宙》（*Cosmos*）系列节目都通过视频和特效手段，有效扩展了科学随笔的外延。弗洛拉·里奇曼（Flora Lichtman）和莎伦·沙特克（Sharon Shattuck）为《纽约时报》制作的精彩纸偶动画，本质上也是关于科学史的科学随笔。此外，理查德·蒙纳斯特斯基（Richard Monastersky）和尼克·索萨尼（Nick Sousani）在《自然》上发表的有关气候变化协议的漫画也是如此。

（3）社交媒体。当一个编辑或作家听到一个有前途的科学随笔创意时，就会产生难以抗拒的"眼前一亮"的感觉。对此还有印象吗？当我们在社交媒体上宣传自己的作品时，可以提一个有趣的问题、讲一段故事或者质疑已有的观点，以此激发读者的好奇心。其实这很简单：我曾经发过一篇推文"西部的故事#野外火灾，非你所想#"宣传自己为《国家地理》杂志做的一期作家访谈。

当然，我绕了这么远，并不是想说一篇推文就足以成为完整的随笔文章，但其他类型的贴文是可以做到的，而且社交媒体能够将其迅速传播至新的读者群。摄影师们经常使用 Instagram 的"图片说明"功能，比如用标题描述拍摄过程，或是参考图片所讲述的更重要的故事。作家布鲁克·贾维斯（Brooke Jarvis）曾经在 Instagram 上用两张图片和一则优美的简短随笔介绍她在《哈泼斯杂志》（*Harper's Magazine*）上发表的一则故事，讲的是俄勒冈州的一位临终关怀医生彼得·拉斯穆森（Peter Rassmussen）的事迹。

2016 年 1 月初，《巴尔的摩太阳报》的职员亚当·马顿（Adam Marton）看到了一份该城市 2015 年死于谋杀的 344 名受害者的名单，其中一个名字引起了他的注意。马顿在 Facebook 上公开发文写道：

> 塞隆尼斯·蒙克（Thelonious Monk），28 岁，是 2015 年巴尔的摩市 344 名谋杀受害者之一。
>
> 2003 年 8 月，一个名叫塞隆尼斯·蒙克的男子偷走了我的汽车。那是一个夏天的晚上，我们把车停在霍华德大街上的一家自动售卖商店旁，他偷出车钥匙开走了我的车。不过，这件事情并没有给我的生活带来什么不便，我为我的车之前购买了保险，我和太太就按照之前的计划去旅行了。
>
> 几周后，我拿回了自己的车。我发现蒙克已经在车上安装了一个婴儿座椅和一个低音炮音箱，车上还散落着许多求职信。那是我一生中最令人心碎的场景之一，现在回想起来仍然如此。我和蒙克的生命就这样产生了离奇而短暂的交集，让我的脑海里始终有一个挥之不去的想法：蒙克也许从未有过机会，哪怕一个逃跑的机会，一个成功逃跑的机会，而我呢？却一直都有这样的机会。

> 我怀疑今年在巴尔的摩被谋杀的那个年轻男子与12年前偷我车的那个人是同一人。我觉得当时他可能想用我的车逃离什么。要是他成功逃脱就好了。安息吧，年轻人，我会永远记住你。

几天后，马顿在《巴尔的摩太阳报》专栏中详细报道了这个故事。他在Facebook上发表的这篇简短的贴文却迅速传播开来，并获得了全国范围的新闻关注。其实，这就达到了随笔追求的传播效果。

二、寻找出版商

我原计划将有关出版的内容放在本书前面而不是最后一章来写。每本出版物都有特定的风格及敏感点。当头脑中有了意向出版物及意向读者后，再去着手展开观点、起草初稿，这样会相对容易一些。但我认为更重要的是，在开始物色读者之前，你就要了解科学随笔，并且动手实践，在开始阶段不能舒舒服服的。

鉴于科学随笔的市场正在同所谓的媒体世界一起经历着日新月异的变化，我要重点谈谈出版物的类型。我不打算点具体媒体的名称，我只把媒体类型罗列出来，并给出一些有关宣传的一般性建议。虽然很多出版物都刊登随笔文章，但它们很少使用“随笔”这个字眼，一般都是放在“评论”“观点”“视角”“观察”“第一人称”等版面中。

（1）大型和小型报纸。主流报纸如《纽约时报》《华盛顿邮报》（*The Washington Post*）对各类随笔的需求量都很大，并且呈增长趋势。依照惯例，随笔和其他观点类文章都会被划入特约稿版面。然而到了数字化时代，随笔越来越受欢迎，它们的刊登位置已经超出了原有的版面范围。区域报和地方报也通过外部供稿者认识到了随笔文章的价值，特别是周刊更受读者欢迎。

（2）大型和小型杂志。许多杂志的印刷版都设有专版刊登随笔，还有很多杂志在网络上在线发布纸刊未刊登的随笔文章。即便如此，我们写作和发表作品的时候也不要把自己局限在随笔上：也许你的想法更适合写新闻特写、人物特写或者书评，没准儿你还能把它写成适合健康类或其他消费类杂志的服务型文章。总之，写作思路要尽可能开阔。

（3）电子出版物。报纸与杂志间的差别正在逐渐淡化，许多电子出版物把这两类媒体元素结合起来，并在表现形式和手法上不断创新。例如，《斯拉特与沃克斯》（*Slate and Vox*）本来是报道突发性新闻的，但通篇使用第一人称，并且向风格鲜明的作者约稿。大型电子出版物的稿酬一般比纸质杂志低，但与报纸相比则能基本持平或更高一些。

（4）科技期刊。大多数期刊常以专家评论形式刊登随笔文章，为科学家创造了广泛接触科学界的绝好机会，他们可以将自己专业领域的问题与科学或政策方面的大趋势结合起来。也有一些期刊会用随笔文章来纪念重要的科学发现和重大事件：如果你准备写与某个周年或纪念日有关的随笔，就应确保时效性，并在有效日期前提交。

（5）博客。博客与其说是一种出版形式，倒不如说是一种发表工具：博客就像纸和墨一样有着强大的描述功能，并且它的跨度和范围很广，从极其专业的人员配备、良好的商业运作（比如《斯拉特与沃克斯》本质上是多渠道的博客）到纯粹的个人爱好无所不有。许多科学博客的撰写者是个人或各种各样的小团队，但它们与杂志有着正式合作关系，比如《国家地理》杂志的“现象”博客、《科学美国人》博客网络中的那些博客。我经常供稿的博客“最后一句废话”就是一个独立的、群体运营的博客。总的来说，大多数博客都面向公众开放，允许访客发帖，但愿意支付稿酬的很少。

（6）文学杂志。文学杂志是发现读者的良好平台，在这里，编辑可以根据自己的喜好选择随笔文章，而不像选择新闻评论或专题报道那样有指向性。文学杂志上的随笔通常篇幅都较长，而且很可能进行深入报道。在文学杂志上，作家可能会遇到好编辑，遇到数量虽小却独具眼光的读者群体，不过，通常文学杂志支付给作者的稿酬也较低［如想了解文学杂志的相关介绍，请访问《诗人与作家》（*Poets and Writers*）杂志的数据库］。

三、投稿

在联系某个出版物之前，要熟悉其近期关注的话题和发表作品的情况，确保你想提交的文章符合该出版物的风格和喜好，并且避免与它近期发表的文章和故事重复。

大多数报纸、大型电子出版物、科技期刊和文学杂志都会在其刊物上发布投稿指南，或者会应投稿者的询问发送投稿指南（小型博客投稿一般没这么正式；如果没有投稿指南可以直接询问博主，当然，前提是他们的博客接收访客发帖）。

总的来说，编辑在确定接收某篇稿件之前都希望能看到全稿，因为一篇随笔的成功与否很大程度上取决于作品的风格和整体质量。新闻编辑和特写编辑则通常根据投稿的整体情况确定选用哪些故事。

投稿时，最好不要把稿件发送给某个通用邮箱，比如 opinion@washingtonpost.com。正确的做法是，在员工名单中搜索具体人的名字和邮箱地址，或者请朋友、同事推荐一位编辑。如果你有朋友、同事与编辑熟识，他也可能愿意引荐，但是未经允许不要擅自提朋友、同事的名字。专业作家之间会互相交换编辑人脉资源，这是由来已久的一个传统，也算是礼尚往来。

尽管编辑不大可能根据投稿人的自我推荐力度决定是否收稿，但在动笔写作之前，你仍然可以衡量一下他对某个观点的整体喜好，特别是如果你认识编辑或者曾经为这位编辑供过稿的时候更要如此。第二章中提到的《防范海啸的简单三步骤》的作者希瑟·阿贝尔就曾给我写了一封简短邮件：

> 我在构思以一个南加州孩子的名义给生活在太平洋西北部的孩子们写一封公开信，内容是关于地震和海啸的。我本人绝对是在洛杉矶地震引发海啸所带来的惊恐中长大的。

《篱笆上的阿基米德》的作者史蒂芬·奥尼斯写给编辑的信相当简短："我正在写一篇关于木蜂的悲剧本性的随笔文章，探讨我如何把它们当成阿基米德的现代化身。我正在为这篇文章寻找发表出口。"

正如我在第二章中所提到的，我很了解也十分尊重这些作家的风格，并且认为他们的想法可以写成科学随笔。因此我会顺理成章地告诉他们："好的，请接着写吧！"因为我知道只有读完整篇文章后才能决定是否接收这个稿件。另外，作家事先进行的这种自我推荐使我有机会提醒他们是否已经有类似的文章正在编辑流程中，或者我会给他们一些建议，以方便稿件更容易被接收。这样一来，双方都可以节省时间，减少不必要的麻烦。当然，这种自我推荐和文章草稿被拒绝的情况也很普遍，但我们要认清一个问题，拒绝不代表编辑比你更高明，大多数时候是因为文章不适合在这个出版物发表。

报纸、杂志等一旦接收了文章，就应该给作者支付稿费，并且与作者签订合同。虽然报纸、杂志等刊登文章都会支付给作者稿酬，但是作家，尤其是随笔作家，经常会被要求免费授权这些出版物发表。如果你是因为想推销一个观点而写作，或者你刚刚开始写作想发表第一篇署名文章，只是想接触一下这个行业而不拿稿酬还算说得通，但其中的利弊一定要权衡好。作为一名资深的专业作家，我只有在创作的满足感无法抗拒或者要将作品捐赠给我支持的某项事业时，才会考虑免费写作，比如给为"最后一句废话"写稿就是这种情况。

在传统报道中，如果作家与所描述对象之间有私人关系或经济利益关系，就要选择回避，不能再写了。然而在随笔写作中，一些作家肯定会与所述对象存在某种个人利益关系。这种个人的、专业的、经济的或其他方面的联系，应该在文章中或文末予以说明。如果还有哪方面的利益关系没有通过类似方式明确阐述，请一定要告知你的编辑。如果你不确定是否有必要披露出来，那么，尽量做到透明也不为过。

四、结语

我们是从尤拉·比斯关于疫苗问题引发的激烈文化僵局的思考开启科学随笔写作这段旅程的，并提出是否可以不再把这场辩论当成“高知”与“无知”之间的较量，而是接受这个“人人都是非理性的理性人的世界”的观点。

对于那些热爱科学并尊重科学过程的人来说，比斯的话也许听起来像是异端邪说。我们不需要非理性的理性，我们需要理性的理性！许多年以来，科学传播者尝试向普通大众解释科学发现，相信一旦人们明白了这些事实就会基于事实做出理性的决定。但是，这种传播的方式——有时候被称为“信息缺失”模式——显然是不够的。

无论一个人从事何种职业、接受过何种教育，他在做决定时都会受到本能和理性的双重影响，而且理性通常用来解释我们的初始本能反应。我们需要理性，我们也需要本能：心理学家发现，当我们与生俱来的本能被破坏时，会被那些看起来都一样的选择冲昏头脑，从而根本无法做出决定。

事实很重要，科学也很重要。但是，为了更好地传播科学发现，我们必须要同时考虑到做出科学发现的人和使用科学发现的人——所有这些人都是比斯所说的“非理性的理性人”，他们会受到事实以及本能和情感的双重影响。作为科学作家，我们不能只坚持说人们的行为要更加理性，我们应该切身地去体会他们的所思所想，而他们的所思所想应该和我们是一样的。

我相信科学随笔是达到这种境界的方式之一。通过科学随笔，作家不仅能够解释事实，而且能够挖掘出创造知识和传播知识的复杂过程，能够观察理性与本能如何在我们身上发挥作用。因此，科学随笔有助于我们更加清晰地认识科学和自我，并且更好地理解科学与自我各自的美和美中不足。

延 伸 阅 读

随笔选集

菲利普·罗帕特主编的《个人随笔的艺术：古今文汇》（*The Art of Personal Essay：An Anthology from the Classical Era to the Present*）是一部名副其实的个人随笔选集。

年度《美国最佳随笔集》（*Best American Essays*）是当今多种类型的优秀随笔作品的集结。

《美国最佳科学写作与自然写作作品集》（*The Best American Science and Nature Writing*）中经常会收入随笔作品。

乔伊斯·卡罗尔·欧茨（Joyce Carol Oates）主编的《20 世纪美国最佳随笔作品》（*The Best American Essays of the Century*）收录了创作于 20 世纪的随笔中的核心代表作。

马丁·加德纳的《科学随笔力作》（*Great Essays in Science*）虽然

很平淡，没有过多新意，而且充满男性化风格，但它的确精挑细选出了很多有关历史的科学随笔作品。

安妮·法迪曼的《闲话大小事：我们熟悉的随笔》（*At Large and at Small：Familiar Essays*）既是一部让人赏心悦目的随笔集，同时也对随笔这种文体类型做了深入思考。

关于写作的总体建议

威廉·斯特伦克（William Strunk）和 E. B. 怀特（E. B. White）合著的《英文写作指南》（*The Element of Style*）一书，50 多年来几乎始终被奉为经典之作，其中也有一些评论内容，不过遗憾的是，书中没有对写作艺术做出更精深的介绍。

《写作法宝》（*On Writing Well*）是一位高级教师威廉·津瑟撰写的写作指南，相当经典。

斯蒂芬·金（Stephen King）著的《写作这回事：创作生涯回忆录》（*On Writing：A Memoir of the Craft*）中有一部分是创作回忆录，另一部分是规范的创作指南。

厄休拉·勒古恩著的《写作的方向：二十一世纪畅游故事海洋的指南》（*Steering the Craft：A Twenty-first Century Guide to Sailing the Sea of Story*）的目标读者是小说作家，但其中一些见解对非小说作家的创作也大有裨益。

本·雅戈达著的《书页上的声音：创作风格与表达》（*The Sound on the Page：Style and Voice in Writing*）对创作风格这一耐人寻味的概念进行了深入思考，很有启发意义。

马克·克雷默（Mark Kramer）和温迪·考尔（Wendy Call）主编的《怎样讲好一个故事》（*Telling True Stories*）收集了许多当今十分优秀的非虚构类作家给出的独特创作建议。

杰奎·巴纳辛斯基是一名记者，也是一名教授新闻的教师，她在个人网站上发布了各种有用的手册和其他资料。

科学写作和科学传播

《科学作家手册：数字时代选题、出版和成功必修指南》（*The Science Writers' Handbook：Everything You Need to Know to Pitch，Publish，and Prosper in the Digital Age*），这是必读之作，强烈推荐。

南茜·巴伦（Nancy Baron）著的《逃离象牙塔：科学事务操作指南》（*Escape from the Ivory Tower：A Guide to Making Your Science Matter*）是给相关学者和其他有兴趣与公众广泛交流的专家的一份优秀指南。

克里斯蒂·威尔科克斯（Christie Wilcox）、贝萨尼·布鲁克希尔（Bethany Brookshire）和杰森·戈德曼（Jason Goldman）主编的《科学博客：基本指南》（*Science Blogging：The Essential Guide*）是指导人们

如何在网上传播自己所从事的科学研究的实用手册。

迈克尔·德达（Michael Dirda）在国家健康研究所举办的通俗语言奖颁奖典礼上发表的讲话，既讨论了通俗语言写作和口语表达的价值，也是阐述此类写作和会话价值的鲜活案例，其中包含大量创作方面的建议。

莎拉·廷克·佩罗（Sarah Tinker Perrault）著的《大众科学：从缺失模型到民主模型》（*Communicating Popular Science：From Deficit to Democracy*）对现代科学传播的优势和不足进行了颇有见解的研究。

伦理问题和事实核查

伦理道德方面的问题，建议咨询你的编辑（也要遵从自己的内心），也可以上网搜索查询《纽约时报》的伦理手册，它对处理科学写作伦理问题的实践标准进行了总结，非常有用。

萨拉·哈里森·史密斯（Sarah Harrison Smith）写的《事实核查员圣经：到达正确的引导》（*The Fact Checker's Bible：A Guide to Getting It Right*）对主流杂志文章的事实核查操作方法的标准进行了很好的总结，非常实用。

致　　谢

感谢全国科学作家协会（National Association of Science Writers）理事会、工作人员及广大会员，是他们的点子基金（Idea Grant）帮助我实现了写这本书的愿望。

非常感激 SciLance 的会员们让《科学作家手册：数字时代选题、出版和成功必修指南》这本书问世，并从方方面面为它的姊妹篇（本书）提供帮助。我要向蒙扎・贝克尔（Monya Baker）致以特别的感谢，在本书写作、出版过程中他一直担任我的编辑。同时，还要感谢史蒂芬・奥尼斯，他是一位颇有见解的读者和评论家。

感谢罗布・伊里翁（Rob Irion）、安・芬克拜纳（Ann Finkbeiner）以及萨拉・拉布金（Sarah Rabkin）如此慷慨地与我分享他们的宝贵时间和天才般的智慧。

我还要感谢文字编辑——超级棒的戴安・西尔万（Diane Sylvain），是他帮助我确认了“lightsaber”是一个单词，还帮助我考证出蒙田是穿着领子皱巴巴的衣服，而不是戴着涂粉的假发。

最后，向所有的编辑、作家、家人以及多年来与我讨论这些想法的朋友们深鞠一躬，表达我最真挚的谢意。写作是孤独的，但这一路上一直与你们同行，我才不觉得寂寞。